わかる有機化学シリーズ 3
有機スペクトル解析

齋藤勝裕 著

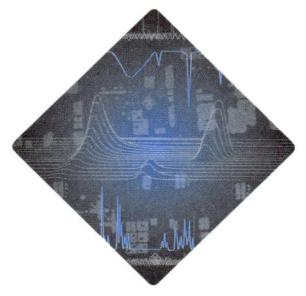

東京化学同人

イラスト 山田好浩

刊行にあたって

　有機化学は膨大な内容と精緻な骨格をもった学問分野であり，その姿は壮大なピラミッドに例えることができる．ピラミッドが無数の石を積み上げてできているように，有機化学もまた数々の知識と理論の積み重ねによってできている．

　『わかる有機化学シリーズ』は，このような有機化学の全貌を「有機構造化学」，「有機機能化学」，「有機スペクトル解析」，「有機合成化学」，「有機立体化学」の五つの分野について，それぞれまとめたものである．これらはいずれも有機化学の核となる分野であるので，本シリーズをマスターすれば，ピラミッドのように壮大な有機化学における基礎知識がしっかりと身についているはずだ．

　本シリーズの最大の特徴は，簡潔で明確な記述によって，有機化学の本質を的確に解説するように心掛けたことだ．さらに，図とイラストを用いて，"わかりやすく"，そして"楽しく"理解できるように工夫した．

　「学問に王道はない」という．しかし，それは学問の道が「茨の道」である，ということとは違う．茨は抜けばよいし，険しい道はなだらかにすればよい．そして，所々に花壇や噴水でもつくったら，学問の道も「楽しい散歩道」になるはずだ．そのような道を用意するのが，本シリーズの役割と心得ている．

　本シリーズを通じて，多くの読者の方々に，有機化学の面白みや楽しさをわかっていただきたいと願ってやまない．

　最後に，本シリーズの企画にあたり努力を惜しまれなかった東京化学同人の山田豊氏に感謝を捧げる．

2008年1月

齋　藤　勝　裕

まえがき

　本書は「わかる有機化学シリーズ」の一環として，スペクトルによる有機化合物の構造解析についてまとめたものである．これから有機スペクトル解析を学ぼうとする方々に，是非，手元においていただきたい一冊である．

　スペクトルは分子のエネルギー状態を端的に表すものである．したがって，スペクトルを解析すれば，分子の結合状態，構造，さらには反応性に関する情報を得ることができる．これまでの有機化学の進展は，スペクトルを測定するための技術の向上と，それを解析する理論の発展によるといっても過言ではない．

　それだけにスペクトルの種類も多く，その理論は多岐にわたる．本書ではそのなかでも，現在，最も頻繁に利用され，強力な武器となっている核磁気共鳴（NMR）スペクトルをはじめとして，紫外可視（UV）吸収スペクトル，赤外（IR）吸収スペクトル，マススペクトル，さらにはX線結晶構造解析など，有機化合物の構造解析にとって重要な方法をすべて取上げ，しかもそのバランスに気を配って解説した．

　本書の特徴は，有機スペクトル解析全般について，幅広く，バランスのとれた基礎知識を身につけることができ，さらにその知識を応用して，楽しく構造解析に挑戦できるように工夫を凝らしたことだ．

　本書を通じて，一人でも多くの読者の方々に，有機スペクトル解析の面白みを感じていただき，今後のステップとして役立てていただければ幸いである．

　最後に，本書刊行にあたりお世話になった東京化学同人の山田豊氏と，楽しいイラストを添えていただいた山田好浩氏に感謝申し上げる．

2008年1月

齋　藤　勝　裕

目　　次

第Ⅰ部　スペクトル解析を学ぶまえに

1章　分子の結合とエネルギー 3
 1. 原子の構造とエネルギー 3
 2. 電子遷移とエネルギー 5
 3. 有機分子をつくる結合 7
 4. 結合のエネルギー 10
 5. 電子密度と結合次数 12

第Ⅱ部　電磁波とスペクトル

2章　紫外可視 (UV) 吸収スペクトル 17
 1. 光とエネルギー 17
 2. 分子とエネルギー 19
 3. UVスペクトルとは 20
 4. 分子の光吸収 22
 5. 有機分子とUVスペクトル 24
 6. 共役系の構造とUVスペクトル 25
  コラム　有機分子の色 27

3章　赤外 (IR) 吸収スペクトル 29
 1. IRスペクトルとは 29
 2. IRスペクトル測定の実際 30
 3. 官能基と振動エネルギー 31
 4. 特性吸収からの官能基の推定 34

  5. 結合次数と IR スペクトル ……………………………………… 37
  6. ラマンスペクトル ……………………………………………… 38

4 章　プロトン核磁気共鳴 (NMR) スペクトル ― 化学シフト …… 41
  1. NMR スペクトルの基本原理 …………………………………… 41
  2. NMR スペクトルの実際 ………………………………………… 44
  3. NMR 測定の実際 ………………………………………………… 46
  4. 化学シフトって何だろう？ …………………………………… 48
  5. 化学シフトに影響を与えるもの ……………………………… 50
  6. 分子構造と化学シフト ………………………………………… 53
   コラム　NMR と磁石 …………………………………………… 44
   コラム　MRI と核磁気共鳴 …………………………………… 56

5 章　プロトン核磁気共鳴スペクトル ― 結合定数 ………………… 57
  1. なぜ，シグナルは分裂するのか ……………………………… 57
  2. シグナル分裂の実際 …………………………………………… 60
  3. 結合定数から何がわかるのか ………………………………… 64
  4. スピン・デカップリング ……………………………………… 66
  5. 核オーバーハウザー効果（NOE）……………………………… 69
   コラム　ppm と Hz の関係 …………………………………… 62
   コラム　プロトン交換によるデカップリング ……………… 69

6 章　炭素 13 および二次元核磁気共鳴スペクトル ………………… 73
  1. 炭素 13 NMR スペクトル ……………………………………… 73
  2. 炭素 13 NMR スペクトルの実際 ……………………………… 75
  3. 炭素 13 NMR の化学シフト …………………………………… 78
  4. 二次元 NMR スペクトル ……………………………………… 80
   コラム　フーリエ変換 NMR …………………………………… 75
   コラム　二次元 NMR あれこれ ……………………………… 84

第Ⅲ部　他の有用なスペクトルと構造解析法

7 章　マススペクトル ……………………………………………………… 87
  1. マススペクトルとは …………………………………………… 87

  2. マススペクトルの測定原理 ･････････････････････････････････ 89
  3. マススペクトルと分子式 ･････････････････････････････････ 92
  4. フラグメンテーション ･･･････････････････････････････････ 95
    コラム　新しいソフトイオン化法 ････････････････････････ 91

8 章　X 線結晶構造解析 ･･ 99
  1. X 線結晶構造解析の基本原理 ･････････････････････････････ 99
  2. 分子構造のモデル ･･･････････････････････････････････････ 102
  3. 結晶構造のモデル ･･･････････････････････････････････････ 104
  4. X 線結晶構造解析の問題点 ･･･････････････････････････････ 105
    コラム　タンパク質の X 線結晶構造解析 ･････････････････ 105

第 IV 部　構造解析をやってみよう

9 章　基本的な構造解析 ･･ 109
  1. 分子式の決定 ･･･ 109
  2. 異性体の識別 ･･･ 112
  3. NMR スペクトルによる構造解析 ･･････････････････････････ 117
  4. さまざまなスペクトルによる構造解析 ･････････････････････ 118

10 章　実践的な構造解析 ･･･････････････････････････････････････ 121
  1. 複雑な化合物の異性体の識別 ･････････････････････････････ 121
  2. カップリングパターンによる識別 ･････････････････････････ 123
  3. 化学シフトや結合定数による識別 ･････････････････････････ 127
  4. スペクトルの有効な使い方 ･･･････････････････････････････ 129
  5. スペクトル解析の応用 ･･･････････････････････････････････ 131
    コラム　天然物の構造決定 ･･････････････････････････････ 138

索　引 ･･･ 139

I

スペクトル解析を学ぶまえに

1 分子の結合とエネルギー

スペクトルは原子や分子のもつエネルギーについての情報を与えてくれる．原子や分子に光などの電磁波を照射すると，原子や分子は電磁波のもつエネルギーを吸収する．この吸収されたエネルギーはスペクトルとして表される．したがって，スペクトルについて理解するためには，原子や分子のエネルギーについて知っておく必要がある．

分子はいくつかの原子が結合してできている．このような結合は分子中に存在する電子によって形成されたものであり，原子と同様に分子中の電子も軌道に入っている．そして，分子軌道は固有のエネルギーをもっている．このため，分子のもつエネルギーについて理解するためには，分子を構成する結合について知る必要がある．

ここでは，有機分子のスペクトル解析のための基礎知識として，特に有機分子の結合とエネルギーについて見てみよう．

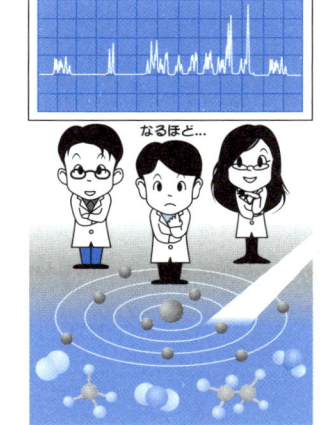

1. 原子の構造とエネルギー

すべての分子は原子が結合してできたものである．ここでは，原子とはどのようなものかを簡単に見てみよう．

原子は雲でできた球のようなものである．原子の中央には原子核があり，そのまわりを電子からなる電子雲が取巻いている．電子は電子殻に入っており，さらに電子殻は軌道に分かれている．電子殻あるいは軌道は固有のエネルギーをもっており，電子はこれらに相当するエネルギーをもつこと

になる.

電子殻

原子を構成する電子は**電子殻**(electoron shell)に入る.電子殻は原子核のまわりに層状に存在し,原子核に近いものから順にK殻,L殻,M殻などと,アルファベットによる名前がついている.

図1・1に示すように,電子殻は固有のエネルギーをもつ.図の縦軸はエネルギーを表すが,原子に束縛されない自由電子のもつ位置エネルギーを基準として,これを0とし,マイナス側に測っていく.つまり,エネルギーがマイナスに大きいほど,すなわち図では下にいくほどエネルギーが低く,安定である.

よって,電子殻のエネルギーはK殻が最も低く,L,M殻となるにつれて高くなる.

軌道の種類

電子殻はさらに**軌道**(orbital)からできている(図1・1).K殻はs軌道から,L殻はs軌道とp軌道から,そしてM殻はs,p,dの3種類の軌道からなる.

それぞれの電子殻にs軌道は一つしかないが,p軌道は三つ,d軌道は五つある.そして,各軌道には,一つの軌道に最大2個の電子が入ること

> 同じ名前の軌道を区別するために,K殻に属するものに1,L殻,M殻,…に属するものにそれぞれ2,3,…の数字をつけて表示する.

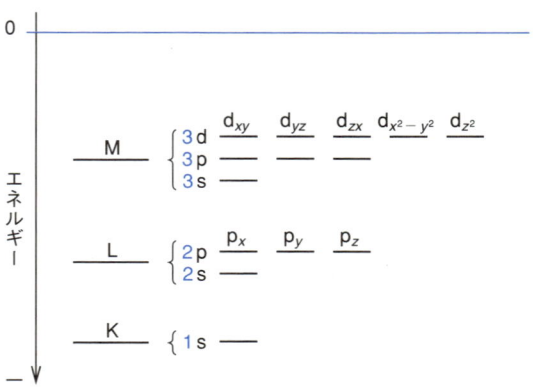

図1・1 電子殻のエネルギーと軌道のエネルギーの関係

ができる．そのため，最大で K 殻には 2 個，L 殻には 8 個，M 殻には 18 個の電子が入ることができる．

軌道の形

各軌道は，図 1・2 に示したような特有の形をしている．s 軌道は球形であり，p 軌道は 2 個のお団子を串に刺したみたらしのような形である．

p 軌道には p_x, p_y, p_z の 3 種類があり，p_x 軌道はその方向（みたらしの串に相当する）が x 軸，p_y 軌道は y 軸，p_z 軌道は z 軸を向いている．

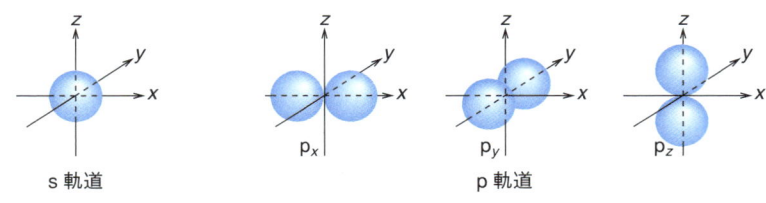

図 1・2　軌道の形

2. 電子遷移とエネルギー

軌道に入った電子は，そのままいつまでもじっとしているわけではない．外部からエネルギーが与えられると，それを受取ってさらにエネルギーの高い軌道に移動する．また，エネルギーの高い軌道に入っていた電子は，余分のエネルギーを放出して低い軌道に移動する．このように電子が軌道の間を移動することを**電子遷移**（electronic transition）という．

原子や分子は光などのエネルギーを吸収あるいは放出することによって，電子状態が変化する．

イオン化エネルギー

図 1・3 は，原子 A に属する電子のエネルギーを表したものである．エネルギー E_n は軌道のエネルギーを表し，基準になる自由電子のエネルギー（$E = 0$）からのエネルギー差に相当する．

たとえば，原子にエネルギー E_3 を与えると，エネルギー E_3 の軌道に入った電子がこのエネルギーを受取り，電子は原子から離れて自由になる．これは原子 A が電子を失って陽イオン A^+ になったことを意味する．このよ

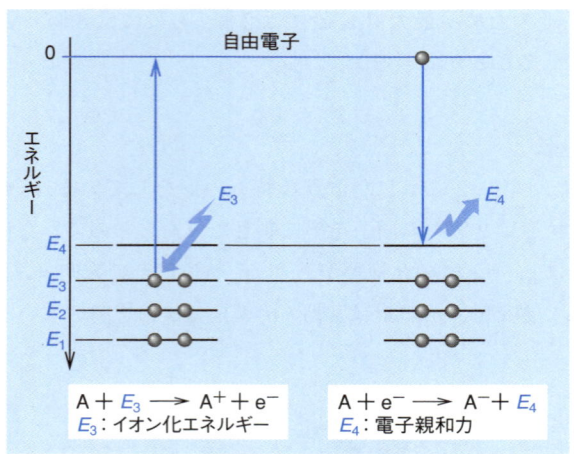

図 1・3　イオン化エネルギーと電子親和力

うに，原子などから電子を取去るのに必要なエネルギーを**イオン化エネルギー**（ionization energy）という．イオン化エネルギーを測定すれば，原子中の最も高いエネルギーをもつ電子のエネルギーを知ることができる．

電 子 親 和 力

上の場合と反対に，たとえば自由電子がエネルギー E_4 の空の軌道に移動すると余分のエネルギー E_4 が放出される．このとき，原子 A は電子を受取って陰イオン A^- になる．このとき放出されるエネルギーを**電子親和力**（electron affinity）という．

電 気 陰 性 度

原子が電子を引きつける度合いを**電気陰性度**（electronegativity）という．電気陰性度の値が大きい原子ほど，電子を強く引きつけることができる．

電気陰性度はイオン化エネルギーと電子親和力をもとにして決められる．イオン化エネルギーと電子親和力はその値が大きい方ほど，電子を引きつけやすいことを意味するので，両方の平均をもとにして電気陰性度を表すことができる．

> イオン化エネルギーの大きい原子はプラスに荷電するのに大きなエネルギーを必要とする．これはプラスに荷電しにくいことを意味する．一方，電子親和力の大きい原子はマイナスに荷電するとき，大きなエネルギーを放出する．これはマイナスに荷電すると大きく安定化されることを意味し，電子を引きつけやすいことを示す．

H 2.1							He
Li 1.0	Be 1.5	B 2.0	C 2.5	N 3.0	O 3.5	F 4.0	Ne
Na 0.9	Mg 1.2	Al 1.5	Si 1.8	P 2.1	S 2.5	Cl 3.0	Ar
K 0.8	Ca 1.0	Sc 1.3	Ge 1.8	As 2.0	Se 2.4	Br 2.8	Kr

図 1・4　元素の電気陰性度

図 1・4 に示したのは，ポーリングによって提案された電気陰性度である．周期表で同じ周期なら右にいくほど大きく，同じ族なら下にいくほど小さくなる．すなわち，電気陰性度は周期表の右上で大きく，左下で小さくなっている．

電気陰性度は，はじめポーリングによって提案され，あとにマリケンによってイオン化エネルギーと電子親和力と関係のあることが明らかにされた．なお，ポーリングはノーベル化学賞と平和賞を受賞したアメリカの化学者である．

3. 有機分子をつくる結合

原子は結合して分子をつくる．分子を構成する結合にはいくつかの種類がある．

化学結合の種類

結合は大きく分けると，原子間に働いて分子をつくるものと，分子間に働いて分子の集団をつくるものに分けられる．

原子間に働く結合には，金属を構成する金属結合，イオン同士を結合するイオン結合，水素分子などや多くの有機分子を構成する共有結合などがある．一方，分子間に働く力には，水分子のようにマイナスに荷電した酸素と，プラスに荷電した水素の間に働く水素結合などがある．

共有結合

有機分子を構成するおもな結合は，**共有結合**（covalent bond）である．共有結合の形成は，結合する二つの原子間で電子が 1 個だけ入った原子軌道が重なり，両原子間に広がる新しい軌道，つまり**分子軌道**（molecular

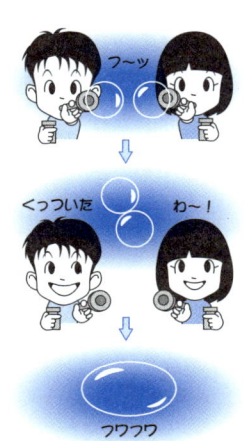

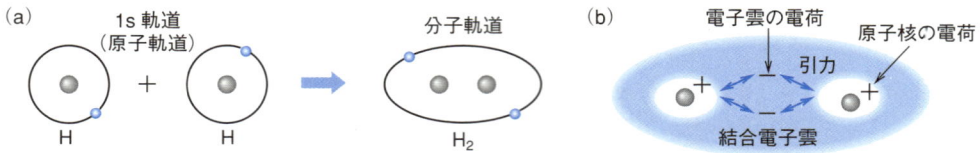

図1・5 共有結合.（a）水素分子のできる過程,（b）結合電子雲

orbital）ができることによる（図1・5a）.各原子の電子が分子軌道に入って,2個の電子がそれぞれの原子によって共有されるので,このような結合を共有結合という.2個の電子はおもに両原子間に存在するので,これらの電子がノリとなって,プラスに荷電した原子核同士を結びつける役割を果たしている（図1・5b）.

このような共有結合は原子軌道の重なり方の違いにより,σ結合とπ結合に分けられる.

共有結合によって,さまざまな種類の有機分子がつくられる.

σ 結 合

図1・6（a）は,二つのp軌道がσ結合する様子を表したものである.2本のみたらしが,互いに自分の串で相手を突き刺すようにして結合している.σ結合は軌道の重なりが大きいので,結合エネルギーが大きく,安定な結合である.

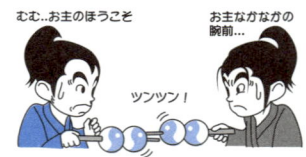

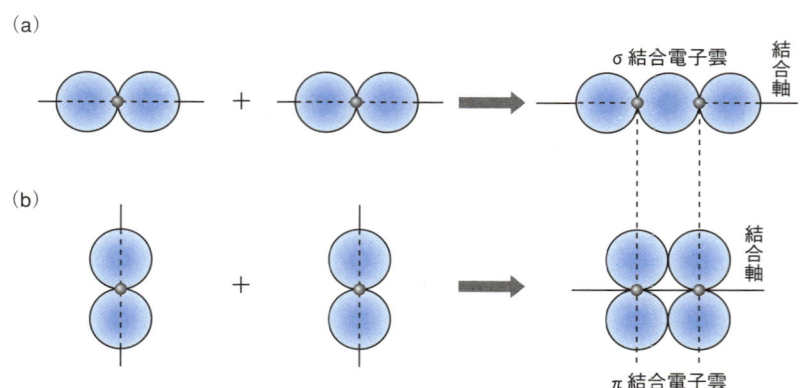

図1・6 σ結合（a）とπ結合（b）

π 結合

π結合は互いに平行な二つのp軌道の間で構成される結合である（図1・6b）。その様子は2本のみたらしが互いに寄り添って、横腹を接して結合する様子に例えることができる。π結合は軌道の重なりが小さいため、σ結合に比べて結合エネルギーが小さく、弱い結合である。

単結合，二重結合，三重結合

以上のようなσ結合とπ結合により、3種類の共有結合ができる。**単結合**（single bond）は一組の電子の共有によってできたもので、σ結合からなる。**二重結合**（double bond）は二組の電子の共有によってできたもので、一つのσ結合と一つのπ結合からなる。**三重結合**（triple bond）は一つのσ結合と二つのπ結合からできている。

有機分子はこのような単結合，二重結合，三重結合によって構成されている。

ポイント！
単結合　σ結合
二重結合　σ結合＋π結合
三重結合　σ結合＋π結合＋π結合

共役二重結合

エチレンの炭素原子間の結合はσ結合とπ結合による二重結合である（図1・7a）。このように、2個の炭素原子間に限定されたπ結合を"局在π結合"という。

一方、ブタジエンでは二重結合と単結合が交互に並んでいる。このような結合を**共役二重結合**（conjugated double bond）という。共役二重結合を構成する炭素原子はすべて平行なp軌道をもっているので、共役二重結

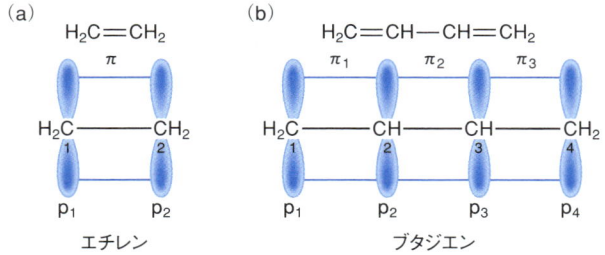

図1・7　局在π結合（a）および非局在π結合（b）

ポイント！
共役二重結合は単結合と二重結合の中間的な性質を示す．

合ではいくつもの p 軌道の間に π 結合ができることになる（図 1・7b）．すなわち，共役二重結合では π 結合を構成する π 電子雲が共役系全体に広がっていることになる．このような π 結合を"非局在 π 結合"という．

4. 結合のエネルギー

有機分子を構成する結合は固有のエネルギーをもつ．それには σ 結合に基づくものと π 結合に基づくものがある．ここでは，π 結合に基づく π 結合エネルギーについて見てみよう．

局在 π 結合のエネルギー

図 1・8(a) は，エチレンに代表される局在 π 結合のエネルギーについて示したものである．炭素原子に二つの p 軌道が結合し，中央の π 結合に相当する分子軌道ができる．π 結合の分子軌道には，p 軌道のエネルギー α より β だけ低いエネルギーをもつ安定な**結合性軌道**（bonding molecular orbital）と，β だけ高いエネルギーをもつ**反結合性軌道**（antibonding molecular orbital）の二つがある．

ポイント！
結合性軌道にある電子は原子核の間に存在して，原子同士の結合に関与する．一方，反結合性軌道にある電子は結合に関与しない．

原子軌道と同様に，分子軌道も一つの分子軌道に 2 個の電子が入ることができる．局在 π 結合では π 電子は 2 個であるので，エネルギーの低い結合性軌道に入ることになる．

結合性 π 軌道を π 軌道と表記したとき，それと区別するために反結合性 π 軌道は右肩に＊（アスタリスク）をつけて，π* 軌道と表記される．

ブタジエンの非局在 π 結合のエネルギー

図 1・8(b) はブタジエンの非局在 π 軌道のエネルギーについて示したものである．分子軌道は非局在 π 結合を構成する p 軌道の本数と同じ本数

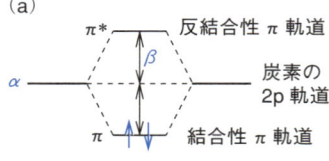

図 1・8 エチレンの局在 π 結合（a）およびブタジエンの非局在 π 結合（b）のエネルギー

だけできる．したがって，四つのp軌道からなる非局在π結合では四つの分子軌道ができる．これらの軌道エネルギーは，αをはさんで上下対称に配置される．そのため，結合性軌道と反結合性軌道が二つずつできる．

ブタジエンのπ電子は4個であるので，二つの結合性軌道に2個ずつ入り，反結合性軌道は空のままである．

電子の入った軌道のうち，最もエネルギーの高い軌道を**最高被占軌道**（highest occupied molecular orbital，**HOMO**（ホモ））という．一方，空の軌道のうち，最もエネルギーの低い軌道を**最低空軌道**（lowest unoccupied molecular orbital，**LUMO**（ルモ））という．

非局在系一般の分子軌道

上で見たように，分子軌道は非局在π結合を構成するp軌道の本数と同じ本数だけできる．したがって，n個の炭素原子からなる共役二重結合ではn個の分子軌道ができることになる．

分子軌道のエネルギーには上限と下限がある（図1・9）．すなわち，最高が$\alpha - 2\beta$，最低が$\alpha + 2\beta$である．

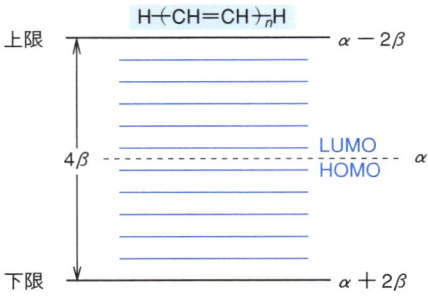

図1・9 非局在系の分子軌道

共役系分子における分子軌道の数とエネルギーの関係は，2章の紫外可視分光法を理解するうえで非常に重要になる．

以上のことは，限られたエネルギー範囲（4β）の間にn個の分子軌道が入ることを意味する．そのため，nが増えれば増えるほど，各分子軌道の間のエネルギー差は小さくなる．すなわち，共役系が長くなればなるほど，HOMOとLUMOの間のエネルギー差ΔEは小さくなる．

5. 電子密度と結合次数

共有結合の性質を表す数値には各種のものがあるが,スペクトルに関係するものとして電子密度と結合次数があげられる.

電子密度

エチレンのπ結合を構成するπ電子は2個ある.この2個の電子が形式的にどちらの炭素上に存在するのかを表すものが**電子密度**(electron density)である.

図1・10(a)に示すように,両方の炭素 C_1, C_2 上に電子が1個ずつ存在するなら,両方の炭素の(π)電子密度 q_1, q_2 はともに1である.もし,2個の電子が C_1 上に存在し,C_2 上になかったとしたら,$q_1=2$, $q_2=0$ となる(図1・10b).各炭素はもともと1個のπ電子をもっており,この状態が中性であるから,C_1 は電子1個を余計にもったことになり,電荷は -1 となる.一方,C_2 は電子1個を失ったことになるので $+1$ ということになる.

イオンの電子密度

電子密度はイオンに対しても同様に定義される.エチレン陰イオンは3個のπ電子をもつ.もし,両方の炭素がこの電荷を均等にもつならば,両方の炭素の電子密度は3/2,電荷は $-1/2$ ということになる(図1・10c).

ブタジエン陰イオン($H_2C=CH-CH=CH_2$)$^-$ には5個のπ電子

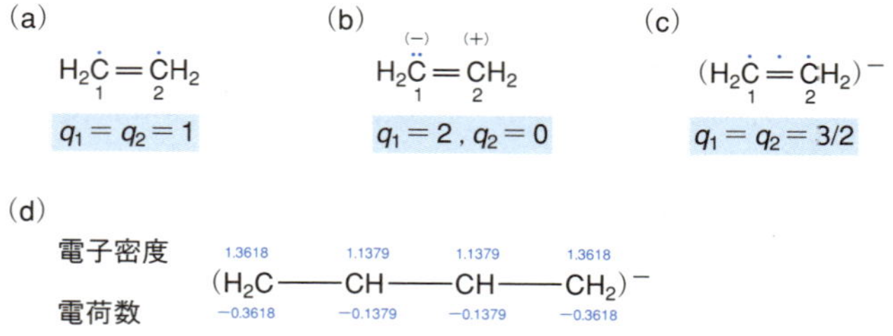

(a) $H_2\dot{C}=\dot{C}H_2$
     1   2
   $q_1=q_2=1$

(b) $H_2\ddot{C}=\overset{(+)}{C}H_2$ $^{(-)}$
     1   2
   $q_1=2$, $q_2=0$

(c) $(H_2\dot{C}=\dot{C}H_2)^-$
     1   2
   $q_1=q_2=3/2$

(d)
電子密度   1.3618 1.1379 1.1379 1.3618
            (H_2C——CH——CH——CH_2)$^-$
電荷数 -0.3618 -0.1379 -0.1379 -0.3618

図1・10 電子密度

が存在する．このπ電子は4個の炭素原子上に均等に存在するのではなく，両端の炭素上により多く存在している．その結果，ブタジエン陰イオンでは4個の炭素すべてがマイナスに荷電しているが，両端の炭素のほうがよりマイナスに荷電していることがわかる（図1・10d）．

結 合 次 数

原子を結ぶ結合が，形式的に何重かを表すのが**結合次数**（bond order）である．π結合の次数を表すπ結合次数でいえば，エチレンの炭素原子間には一つのπ結合があるので，π結合次数は1である．アセチレンはπ結合が二つなので，π結合次数は2となる．また，ベンゼンは6個のC－C結合上に三つのπ結合が分散することになるので，π結合次数は1/2となる．

結合次数は結合の強度を表す．図1・11は結合次数と結合距離の関係を表したものである．結合次数が大きいほど結合距離が短くなっており，結合が強くなっていることを示している．

結合次数と結合の強度は3章で見るIRスペクトルと密接な関係がある．

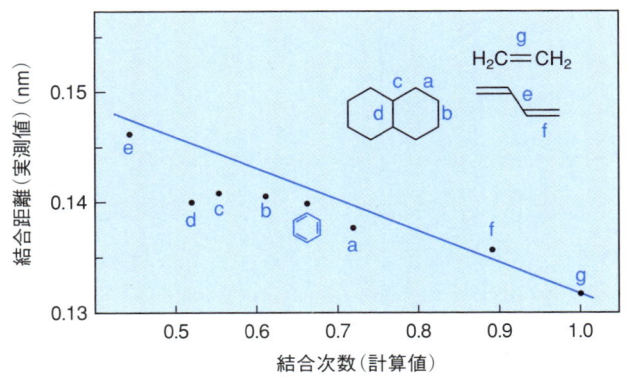

図1・11 結合次数と結合距離の関係

図中のベンゼンの結合次数は分子軌道法によって求めたものである．

II

電磁波とスペクトル

2 紫外可視吸収スペクトル

　紫外可視分光法（ultraviolet-visible spectroscopy, **UV-VIS 分光法**）は紫外および可視光線領域における吸収スペクトル，すなわち**紫外可視吸収スペクトル**（ultraviolet-visible absorpition spectrum, **UV-VIS スペクトル**）を用いて，分子の構造を解析する方法である．

以下，UV スペクトルとする．

　紫外線や可視光線のエネルギーは分子軌道間のエネルギー差，つまりある軌道から他の軌道に電子が遷移するのに必要なエネルギーに相当する．このエネルギーは単結合と多重結合が交互に存在する共役系の性質を反映している．このことを利用して，UV スペクトルからは有機分子の共役系の長さなどの構造に関する情報を得ることができる．

1. 光とエネルギー

　ここでは，スペクトルの基礎となる光とエネルギーの関係について見てみよう．

光ってどんなもの

　光は電磁波であり，光の速度 c は（2・1）式に示すように，**波長**（wavelength）λ と**振動数** ν（frequency）の積で表せられる．

$$c = \lambda \cdot \nu \qquad (2\cdot1)$$

　また，光のもつエネルギー E は波長に反比例し，振動数に比例する（（2・2）式）．ここで h はプランク定数である．

電場と磁場は空間や物質内を周期的に変化する波として伝わっていく．これを**電磁波**（electromagnetic wave）という．

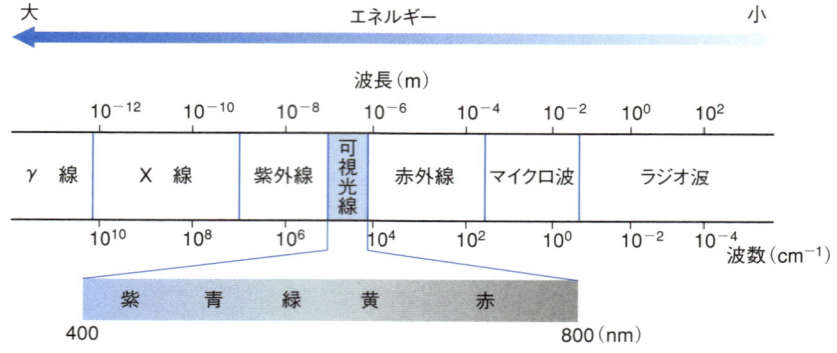

図 2・1　電磁波の種類

$$E = h\nu = \frac{ch}{\lambda} \quad (2 \cdot 2)$$

図 2・1 は電磁波の波長による分類を表したものである．

私たちが光として目で感じることができるのは，波長がおよそ 400 nm から 800 nm の電磁波である．そのため，この波長域の光を**可視光線**（visible rays）という．可視光線をプリズムで分光すると，波長の長い順に赤，橙，黄，緑，青，藍，紫といった虹の七色が現れる．このことは逆に，これらの色の光をすべて加えると，無色の光（白色光）になることを示している．

電磁波とエネルギー

光のエネルギーは波長に反比例するため，波長が長い光ほどエネルギーは小さい．したがって，赤色の光はエネルギーが小さく，紫色の光はエネルギーが大きいことになる．

紫色の光より波長が短く，エネルギーの大きい電磁波を**紫外線**（ultraviolet rays）という．UV スペクトル（紫外可視吸収スペクトル）は，この紫外線と可視光線を用いるスペクトルである．紫外線より波長が短くなるとレントゲン撮影で用いる X 線になり，さらに短くなると放射線の γ 線になる．

一方，赤色の光より波長が長く，エネルギーの小さい電磁波を**赤外線**（infrared rays）という．赤外線より波長が長くなると電子レンジで用いる

ポイント！

電磁波の波長が短いほど，エネルギーは大きくなる．
波長
　赤外線＞可視光線＞紫外線
エネルギー
　赤外線＜可視光線＜紫外線

マイクロ波になり，さらに長くなるとラジオ波になる．

2. 分子とエネルギー

分子のもつエネルギー

　分子は各種のエネルギーをもっている．並進に伴う運動エネルギーを除くと，分子のもつおもなエネルギーとして，軌道に入った電子のもつ電子エネルギー，結合の振動に伴う振動エネルギー，回転に伴う回転エネルギーがある．

　図2・2は分子におけるエネルギー準位を表したものである．各エネルギー準位間のエネルギー差は，電子エネルギー＞振動エネルギー＞回転エネルギーの順に大きくなっている．

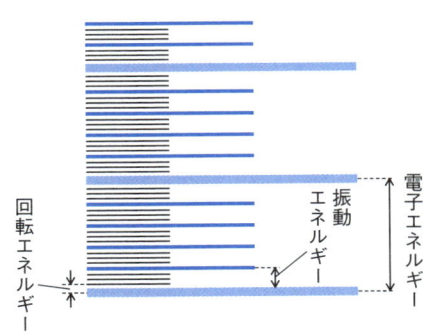

図2・2　エネルギー準位間のエネルギー差の模式図

エネルギーと遷移

　分子にエネルギーが与えられると，分子はあるエネルギー準位から別の準位への状態の変化，すなわち**遷移**（transition）が起こる．分子が大きなエネルギーをもらえば電子エネルギー準位での遷移が起こり，小さなエネルギーなら回転エネルギー準位での遷移が起こる．

　紫外線や可視光線のもつエネルギーは，電子エネルギー準位間のエネルギー差に相当する．したがって，これらの電磁波を用いるUVスペクトルは，電子エネルギー，つまりある軌道から別の軌道への電子遷移に関する情報を与えてくれる．一方，赤外線のもつエネルギーは，振動や回転のエ

エネルギー準位間のエネルギー差に相当する電磁波を分子に照射すればこれらの間で相互作用が起こり，電磁波が吸収される．このことを利用して，電磁波の種類に応じた分子の情報が得られる．

ラジオ波は核磁気共鳴スペクトル（4〜6章）に，X線はX線結晶構造解析（8章）に用いられる．

ネルギー準位間のエネルギー差に相当する．そのため，赤外吸収スペクトルは分子の振動や回転に関する情報を与えてくれる（3章参照）．

エネルギーの吸収とスペクトル

分子に光（電磁波）を照射すると，エネルギー準位の間隔に相当するエネルギーを吸収する．このとき，エネルギー差 ΔE に相当する波長λのエネルギーの光が吸収されるので，透過光をプリズムに通せば，その波長の部分だけ光が欠けて黒くなる．これが**スペクトル**（spectrum）である．そして，光の吸収によるスペクトルを**吸収スペクトル**（absorption spectrum）という（図2・3）．

分子の発光にもとづくスペクトルもあり（図2・6b参照），これを"発光スペクトル"という．蛍光スペクトル，りん光スペクトルなどがある．

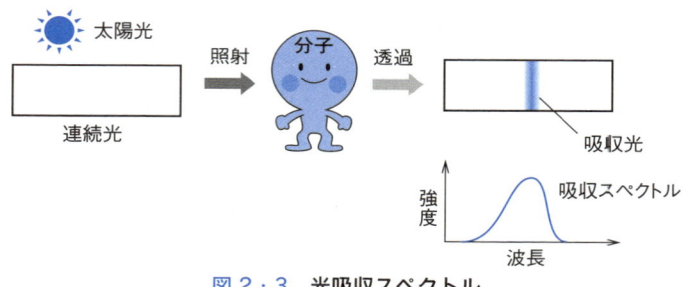

図2・3　光吸収スペクトル

3. UV スペクトルとは

UVスペクトル（紫外可視吸収スペクトル）とは，分子が吸収した紫外線・可視光線の波長と吸収の度合いを表したものである．

スペクトルの実際

図2・4はUVスペクトルの模式図である．横軸は波長λを表す．波長が短くなるほど，つまり図の左へいくほどエネルギーが大きくなっている．UVスペクトルの測定範囲は約 200 nm から 800 nm までであるが，多くの有機化合物は約 200 nm から 400 nm の間の紫外線を吸収するため，必要な波長範囲に限って測定することも多い．

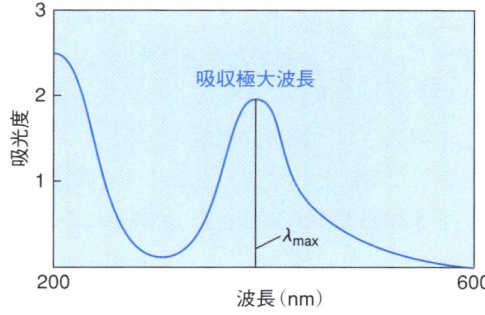

図 2・4 UV スペクトルの模式図

縦軸は**吸光度**（absorbance）A であり，光吸収の度合いを表したものである．吸光度は (2・3)式に示すように，光の透過前の強度 I_0 と透過後の強度 I との比の対数で表される．

$$A = \log\left(\frac{I_0}{I}\right) \tag{2・3}$$

UV スペクトルの吸収曲線は多くの場合，単純なカーブで表されることが多い．最大の吸光度を与える波長を**吸収極大波長**（wavelength of absorption maximum）といい，λ_{max} で表す．しかし，ベンゼンなどの芳香環などがある場合には，吸収極大の部分に小さな山がいくつか現れることがある（図 2・9 参照）．このような吸収パターンを微細構造という．

光吸収がまったくないとき，つまり $I_0/I = 100/100 = 1$ の場合，吸光度は 0（$A = \log(I_0/I) = \log 1 = 0$）となる．一方，90％の光が吸収されて，残り 10％が透過した場合は $I_0/I = 100/10 = 10$ となり，吸光度は 10 となる．

測 定 の 実 際

図 2・5 は UV スペクトルの測定原理を模式的に示したものである．

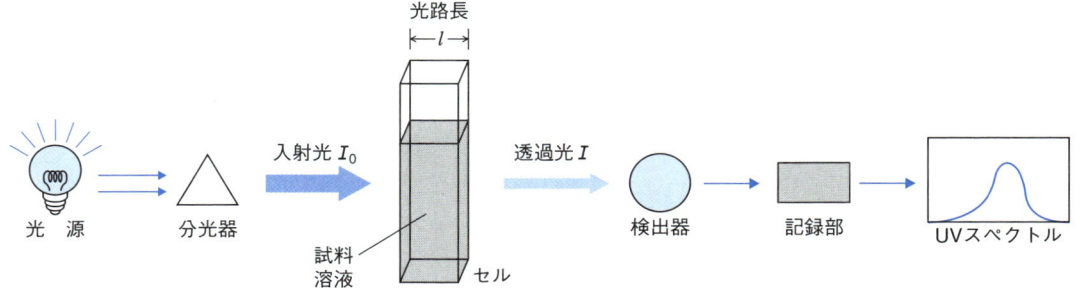

図 2・5 UV スペクトルの測定原理

分光器はおもに一組のレンズ、ミラー、スリットと、単色光に分離する役割をもつプリズムまたは回折格子からなる。

UVスペクトルの測定には石英（シリカ）ガラス製のセルが用いられる。石英ガラスは二酸化ケイ素SiO_2だけからなるガラスである。

光源としては，紫外線用に重水素ランプ，可視光線用にはタングステンランプあるいはタングステン-ハロゲンランプが用いられる．

光源から放出された光は分光器によって，単色光（できるだけ狭い範囲の波長の光）として取出され，試料に照射される．

試料は溶媒に溶かした溶液として測定される．溶媒は測定波長領域に吸収をもたないものを選ぶ必要がある．また，試料溶液を入れる容器（セル）には，内側が 1 cm×1 cm，高さ 5 cm ほどの角形セルが用いられることが多い（図 2・5 参照）．

そして，検出器において，試料に吸収されずに透過した光の強度が測定され，電気信号に変換される．さらに，これらの電気信号が記録部において吸光度に変換され，UV スペクトルが得られる．

ランベルト-ベールの法則

吸光度 A と試料のモル濃度 c，セル中を通過する光の光路長 l（図 2・5 参照）の間には，(2・4)式が成り立つ．これを**ランベルト-ベールの法則**（Lambert-Beer law）という．

通常，ε は $dm^3 mol^{-1} cm^{-1}$，l は cm の単位が用いられる．

$$A = \varepsilon c l \qquad (2・4)$$

ここで ε は**モル吸光係数**（molar absorptivity）であり，分子の種類よって固有の値を示す．そのため，UV スペクトルでは吸収極大波長 λ_{max} とともにモル吸光係数 ε が利用される．

ポイント！

UV スペクトルでは吸収極大波長とモル吸光係数が重要な情報となる．

4. 分子の光吸収

分子が光を吸収するとはどういうことだろうか？ ここでは，分子がなぜ特定の波長の光を吸収し，光を吸収した分子はどのようになるのかを見てみよう．

光の選択的な吸収

光は，その波長に応じたエネルギーをもっている．分子に光を照射すると，分子軌道の HOMO にある電子がエネルギーを受取って，高エネルギーの LUMO に遷移する（図 2・6a）．このとき，分子は HOMO から LUMO

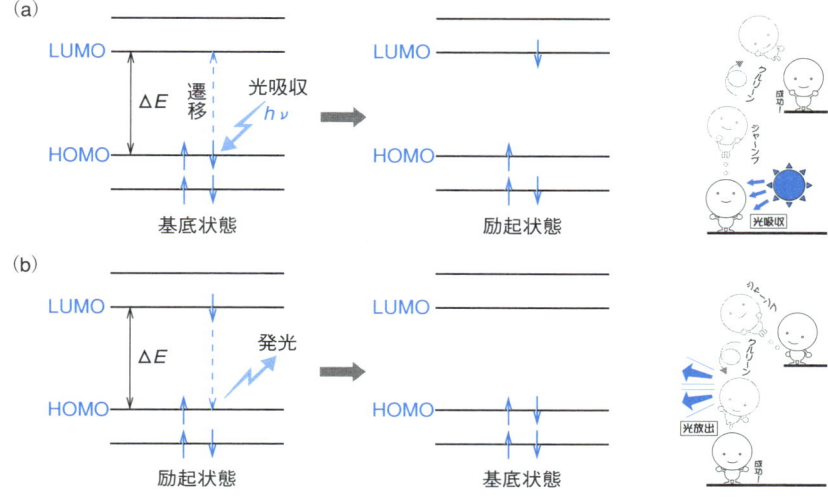

図 2・6 電子遷移. (a) 光吸収, (b) 発光

への電子遷移に必要なエネルギーに相当する大きさのエネルギーをもつ光だけを選択的に吸収する.つまり,HOMO と LUMO のエネルギー差を ΔE とすれば,分子は波長 $\lambda = ch/\Delta E$ (c は光速度)の特定の光だけを選択的に吸収することになる.この波長が,UV スペクトルにおける吸収極大波長に相当する.

したがって,UV スペクトルによって分子の HOMO,LUMO 間のエネルギーを測定していることになる.

電子遷移と分子の状態

HOMO にある電子が光のエネルギーを受取って LUMO へ遷移すると,分子としては元の状態より ΔE だけエネルギーの高い状態になる.この高エネルギー状態を**励起状態**(excited state)といい,元の低エネルギー状態を**基底状態**(ground state)という.

励起状態の分子はいつまでもそのままの状態にあるわけではなく,何らかの経路を通って基底状態に戻る.多くの場合,分子は余分なエネルギー ΔE を熱エネルギーとして放出して基底状態に戻る.しかし,エネルギー

UV スペクトルは分子中の電子遷移についての情報を与えてくれる.

5. 有機分子とUVスペクトル

ここでは，有機分子の電子遷移とUVスペクトルの関係について具体的に見てみよう．

有機分子の電子遷移

図2・7に示したように，有機分子における電子遷移にはいくつかの種類がある．このうち，紫外可視光によって特に大きな吸収を示すのは，結合性π軌道から反結合性π軌道へのππ*遷移によるものである．

有機分子中に存在するさまざまな原子団が特定の波長の光を吸収することで電子遷移が起こり，しばしば有機分子に色をつけるために，このような原子団を**発色団**（chromophore）とよんでいる．

有機分子中で発色団となる官能基の多くは，1個またはそれ以上の二重結合，三重結合，芳香環をもっている．表2・1には発色団の例とππ*遷移における吸収極大波長，モル吸光係数を示した．

しかし，これらの吸収は広い範囲にわたり，ピークが重なるので，UVスペクトルから特定の官能基の存在を証明することは困難である．

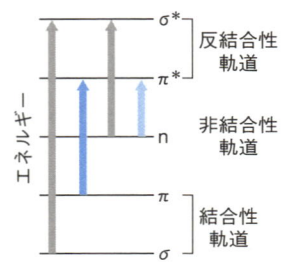

図2・7 電子遷移の種類

官能基の同定には，3章で見るIRスペクトルが役に立つ．

表2・1 おもな発色団のππ*遷移による吸収

発色団	化合物	λ_{max} (nm)	ε_{max}
アルケン C=C	エチレン	162	10000
アルキン C≡C	アセチレン	193	10000
カルボニル C=O	アセトン	188	900
芳香環	ベンゼン	204	7900

ベンゼンはそのほかに λ_{max} 184 nm（ε_{max} 60000），λ_{max} 256 nm（ε_{max} 200）のππ*吸収を示す．

吸収極大波長とモル吸光係数の変化

また，ある種の原子や原子団が発色団に結合すると，吸収極大波長やモル吸光係数が変化することが知られている．このような原子や原子団は**助

色団 (auxochrome) とよばれ，それら自体は紫外可視吸収を示さない．
　助色団には，非共有電子対をもつ基 (OH, NH_2, ハロゲン原子など) やアルキル基のような電子供与基などがある．たとえば，ベンゼン C_6H_6 (λ_{max} 204 nm) を助色団で置換した，フェノール C_6H_5OH では λ_{max} 210 nm，アニリン $C_6H_5NH_2$ では λ_{max} 230 nm に吸収が移動する．

助色団は発色団のπ電子系と相互作用して，電子状態に影響を与えるため，吸収の移動が起こる．そのため，分子の色に変化をもたらすことがある．

　吸収が長波長側に移動する（レッドシフト）ことを"深色効果"といい，短波長側に移動する（ブルーシフト）ことを"浅色効果"という．
　次節で見るように，このような効果は共役系の長さの変化によっても起こる．

6. 共役系の構造と UV スペクトル

　それでは，有機分子の構造解析において，UV スペクトルはどのように役立つだろうか．ここでは，共役系の構造と UV スペクトルの関係について見てみよう．

共役系の分子軌道エネルギー

　1章で，共役系の分子軌道はそれを構成する炭素原子の個数と同じ本数だけ存在し，しかもそのエネルギーは 4β という限られたエネルギー範囲に存在することを見た．
　図 2・8 は，その関係を定量的に表したものである．すなわち，n 個の

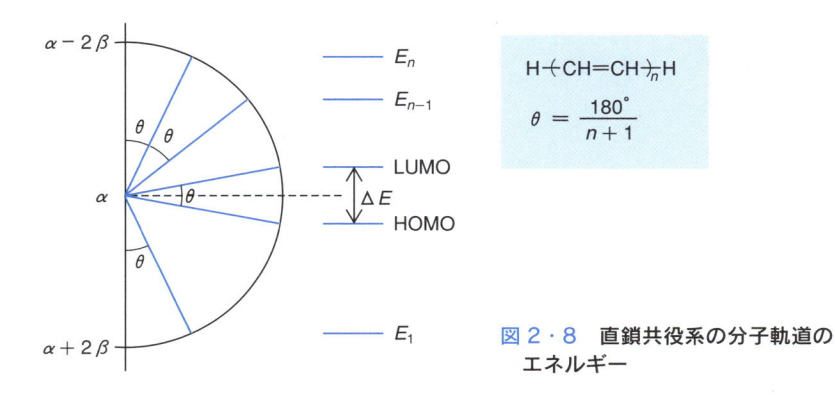

図 2・8　直鎖共役系の分子軌道のエネルギー

$$H\text{-}(CH=CH)_n\text{-}H$$
$$\theta = \frac{180°}{n+1}$$

> **ポイント！**
> UVスペクトルは共役系の構造解析に役立つ.

二重結合から構成される共役系の分子軌道のエネルギーはつぎのように, 簡単な作図によって求められる.

中心をαに置いた半径2βの半円を描く. つぎに180度を, 二重結合の個数nに1を加えた数字で割る. その角度で, 円周を分割したとき, 半径と円周の接点の高さが分子軌道のエネルギーを与える. この結果は, 共役系が長くなれば, 分子軌道のエネルギー間隔, つまりHOMO-LUMO間のエネルギー差ΔEが小さくなることを意味している. さらに, HOMO-LUMO間のエネルギー差から二重結合の個数n, すなわち, 共役系の長さを求めることができる.

吸収極大波長と共役系の長さ

表2・2はH—(CH=CH)$_n$—HのUVスペクトルおよび吸収極大波長と二重結合の個数nとの関係を示した. nが増加する, つまり共役系が長いほど, 吸収極大波長が長波長側に移動することがわかる.

芳香族化合物でも同様の傾向を示し, 縮合しているベンゼン環の数が多いほど吸収が長波長側に移動している（図2・9）.

表2・2　直鎖共役系の吸収極大波長とモル吸光係数

n	λ_{max} (nm)	log ε
1	162	4.00
2	217	4.32
3	268	4.53
4	304	4.81
5	334	5.08
6	364	5.14
8	410	
10	447	

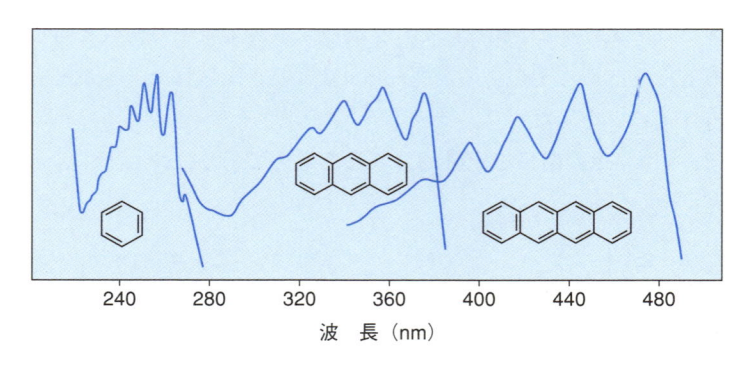

図2・9　ベンゼン, アントラセン, テトラセンの吸収位置の移動.
　　　　各UVスペクトルは一部を取出して描いたもの.

図2・10はβ-カロテンとビタミンAの構造および吸収極大波長を示したものである. ニンジンなどの緑黄色野菜に含まれる色素であるβ-カロテンは, $n=11$に相当する長い共役系をもつ. 一方, β-カロテンから生

有機分子の色

　染料や顔料をはじめ，有機分子には色をもつものが多い．このような色はどのようにして生じるのだろうか？

　色は光と物質の相互作用によって生じる．たとえば，図2・10に示したβ-カロテンは白色光（虹の七色，つまり400 nmから800 nmの波長の光をすべて合わせたもの）のうち，450 nm付近の光を強く吸収する．そして，私たちが見ているβ-カロテンの色は，実は，吸収されずに跳ね返ってきた光の色に相当するものである．つまり，私たちは吸収された光の色の"補色"を見ていることになる．補色とは，赤と青緑などのように，二つの色を混ぜあわせたときに白色光になる互いの色のことをいい，吸収された色と補色の関係は色環（色相環）としてまとめられている（図1）．

　よって，β-カロテンは青色系の光を吸収するので，その補色である橙色に見える．

　また，表2・2における直鎖共役系では$n=8$以上では可視領域に吸収をもつので，色が着くようになる．同様に，図2・9におけるベンゼン，アントラセンは無色であるが，可視領域に吸収をもつテトラセンは黄色になる．ベンゼン環が5個連なったペンタセンはさらに長波長側に吸収をもち，青色を呈している．

　私たちの目に映る花や衣服などの鮮やかな色もこのような原理によって見えるのである．

　その一方で，前節で見たように，原子や分子が励起状態から基底状態へ戻るときに光を放出し（図2・6b参照），"発光"した光そのものがもつ色を見ている場合もある．

　たとえば，街路灯に用いられる白色光の水銀ランプや橙色のナトリウムランプは水銀やナトリウムの原子を，電気エネルギーによって励起状態にし，そこから基底状態に戻るときの発光を利用している．

　同様に，液晶やプラズマに代わる次世代の表示素材といわれる有機ELディスプレイは，有機分子の発光を利用している．

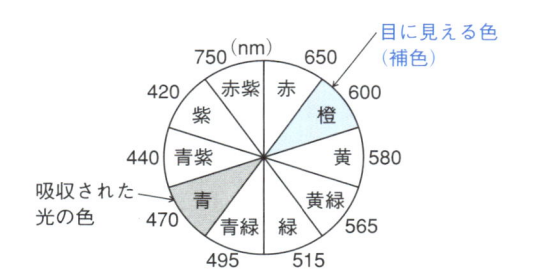

図1　色環（色相環）

成するビタミンAは，共役系の長さがおよそ半分である $n=5$ に相当する分子である．したがって，共役系の長い β-カロテンはビタミンAに比べて長波長側に吸収極大をもつ．そして，これらの分子は吸収される光の波長に基づく色を呈する（コラム参照）．

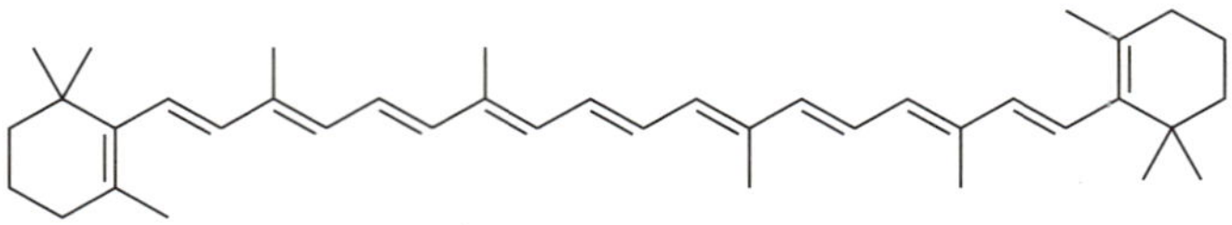

β-カロテン　λ_{max} 450 nm

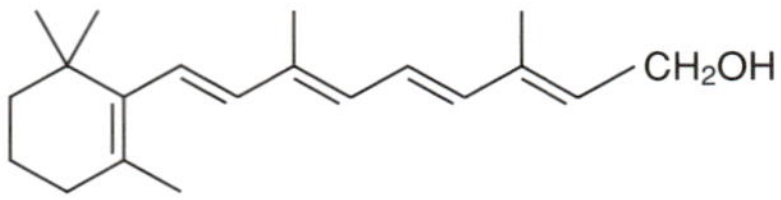

ビタミンA　λ_{max} 325 nm

図 2・10　β-カロテンおよびビタミンAの構造と吸収極大波長

3 赤外吸収スペクトル

　赤外分光法（infrared spectroscopy，**IR 分光法**）は赤外領域における吸収スペクトル，すなわち**赤外吸収スペクトル**（infrared absorption spectrum，**IR スペクトル**）を用いて，分子の構造を解析する方法である．一般に，有機分子の構造解析で有用なのは，波長が 2.5〜25 μm（波数でいえば，4000〜400 cm^{-1}）の赤外線である．

　赤外線のエネルギーは分子の振動や回転のエネルギーに相当するので，IR スペクトルから分子の振動や回転についての情報が得られる．このため，IR スペクトルから有機分子がどのような種類の官能基をもっているのかを知ることができる．

1. IR スペクトルとは

　分子内の結合は伸び縮みをするなどの振動をしており，その振動エネルギーに相当する振動数をもつ赤外線を分子に照射したとき，赤外線の吸収が起こる．

　IR スペクトルは，分子によって赤外線の吸収がどのように起こったのかを見るものである．

スペクトルの実際

　図 3・1 は IR スペクトルの一例である．横軸は**波数**（wave number）$\bar{\nu}$ である．波数は 1 cm あたりの波の数を示し，単位は cm^{-1} である．波数

UV スペクトルの横軸は波長であったが，IR スペクトルは波数となっていることに注意が必要である．

30   Ⅱ. 電磁波とスペクトル

図3・1では，波数 2000 cm^{-1} を境にして，目盛りの間隔が切り替わっている．すなわち，目盛りは 2000 cm^{-1} 以下では 100 cm^{-1} ごとに，2000 cm^{-1} 以上では 500 cm^{-1} ごとになっている．そして，このような目盛りの切り替わり方は，IR スペクトルを測定する機種の違いによって異なる．そのため，測定する装置によっては，かなり印象の違うスペクトルが得られる．したがって，IR スペクトルでは，スペクトルの形（パターン）によってではなく，どの波数にどのような吸収があるのかを認識できるように訓練する必要がある．

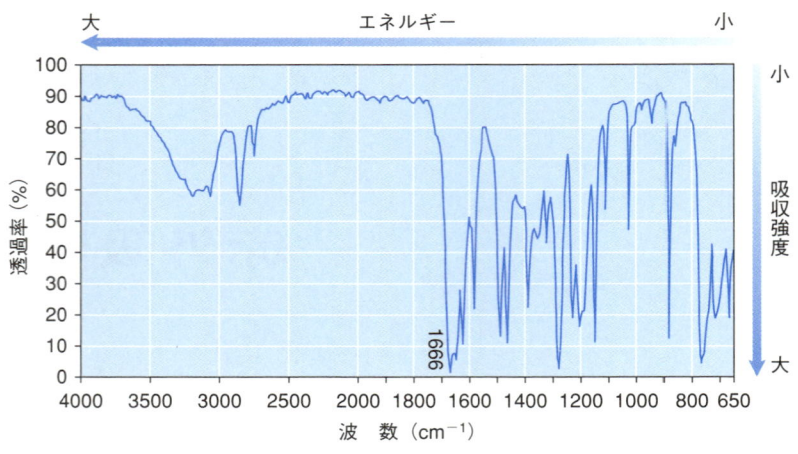

図 3・1 IR スペクトルの例

は振動数 ν を光速度 c で割ったものであり，波長 λ の逆数である．そのため，電磁波のもつエネルギーは波長に反比例し，波数（振動数）に比例することになる（(2・2)式参照）．すなわち，IR スペクトルでは左側にいく（波数が大きくなる）ほど，エネルギーは高くなる．

　縦軸は**透過率**（transmittance，%で表す）であり，測定によってどの程度の割合で赤外線が吸収されたのかを示す値である．吸収がまったく起こらなければ，すべての赤外線は透過したことになるので，透過率は 100 % になる．逆に，すべての赤外線が吸収されれば，透過率は 0 % になる．

　一般に，IRスペクトルの透過率は上の 100 % を基準として描かれている．つまり，透過率は上にいくほど大きくなり，下にいくほど小さくなる．これは，赤外線吸収の強度が下にいくほど大きいことを示している．図 3・1 の IR スペクトルでは，波数 1666 cm^{-1} のところに最も強い吸収ピークが見られる．

2. IR スペクトル測定の実際

　IR スペクトルの特徴の一つは測定が容易であり，しかも固体，液体，気体のいずれの形態でも測定が可能であるということである．ここでは，測定の際に行われる試料の処理について簡単に見てみよう．

ポイント！

IR スペクトルでは下向きに吸収ピークが示され，吸収の強度は下にいくほど大きくなる．

試料を入れる容器

一般に，試料を入れる容器（セル）は赤外領域に吸収の少ない塩化ナトリウム NaCl や臭化カリウム KBr などのハロゲン化アルカリの単結晶でできている．これらは潮解性があるので，湿気にふれないようにする必要がある．

試 料 調 製

試料調製にはさまざまな方法があるが，ここでは典型的なものだけについてふれる．

液体試料の場合は，NaCl などでできた板に試料を数滴落としてもう一枚の板ではさんで測定する．このとき，液体試料は薄い液膜となる．揮発性試料や試料を溶媒に溶した溶液の場合には，専用のセルを用いて直接測定することができる（図 3・2）．このとき溶媒には測定領域において赤外線の吸収が少ないものを選ぶ必要がある．

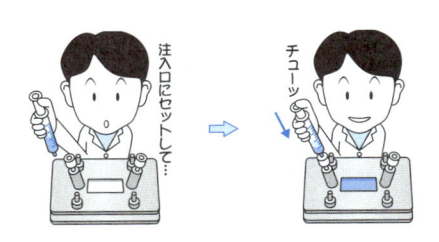

図 3・2　液体セル

粉末にできる固体試料の場合は，試料と KBr とを乳鉢でよくすりつぶして粉末にし，それを減圧下で圧縮して薄いディスク状の試料（錠剤）にして測定する．あるいは，ヌジョール（流動パラフィン）などと混ぜて，ペースト状にしてセル板に塗りつけ，もう一枚の板ではさんで測定する．

気体試料の場合には，多種多様なガスセルがあり，用途によって使い分けることが必要である．

3.　官能基と振動エネルギー

赤外線のエネルギーは分子のもつエネルギーのうち，振動や回転エネルギー準位間のエネルギー差に相当する（図 2・2 参照）．このため，分子は

水は赤外領域に強い吸収を示すので，測定時には空気中や試料中から水分を除くことが重要である．

流動パラフィンとは，粘性の少ない精製された飽和炭化水素の混合物のことをいう．

それを構成する結合が伸び縮みをしたりする振動のエネルギーに相当する赤外線を吸収する.

　分子の振動は全体にわたって起こるものであるが，分子を構成するある特定の原子団においても特徴的な振動が起こる．このことを利用して，IRスペクトルから有機分子のもつ官能基の種類を知ることができる．

振動の種類とエネルギーの吸収

　図3・3はメチレン基 CH_2 の振動の種類と，赤外線の吸収領域を示したものである．IRスペクトルを考える場合には，各結合をバネで置き換えてみるとわかりやすい．ここでは炭素に2個の水素原子がバネで結合しているとして見てみよう．

　結合の振動には，結合の長さが伸び縮みする**伸縮振動**（stretching vibration）と，結合の角度が変化する**変角振動**（bending vibration）の2種類がある．図3・3に示したように，一般に伸縮振動のほうが大きいエネルギーを要する．また，変角振動には，CH_2 を含む面内で角度を変化させる面内変角振動と，面から外れる面外変角振動がある．

伸縮振動

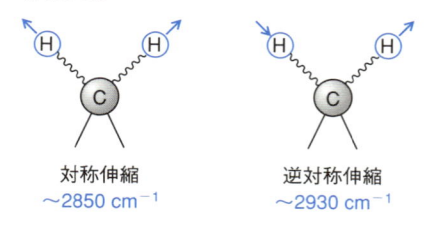

対称伸縮　　　　　逆対称伸縮
〜2850 cm^{-1}　　〜2930 cm^{-1}

変角振動

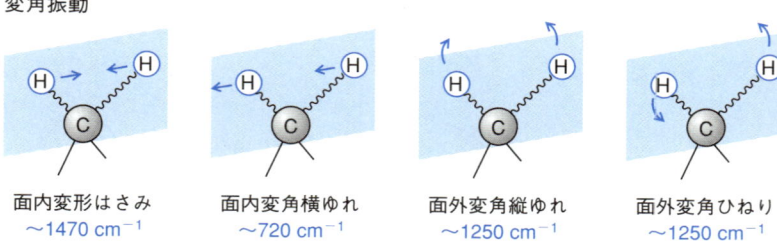

面内変形はさみ　面内変角横ゆれ　面外変角縦ゆれ　面外変角ひねり
〜1470 cm^{-1}　〜720 cm^{-1}　〜1250 cm^{-1}　〜1250 cm^{-1}

図3・3　振動の種類と吸収領域

複雑なスペクトル

 ここで注意すべきことは，CH_2 という，単純な原子団ですら，これだけ多くの種類の振動があり，それに基づくエネルギー吸収があるということである．多くの CH_3，CH_2，CH の原子団をもつ有機化合物の IR スペクトルは，これらの原子団に基づく吸収が重なりあうため，非常に複雑になることが予想できる．

 事実，これらの原子団に基づく吸収は非常に複雑であり，解析するのは困難なことが多い．それでは，IR スペクトルは有機化合物の構造解析には役立たないかというと，決してそうではない．

官能基の IR スペクトル

 図3・4は，分子の本体 M に結合したヒドロキシ基 OH を表したものである．

 上の例と同様に，本体 M と酸素 O，および酸素 O と水素 H はバネで結合していると考える．O−H 間のバネの伸び縮みには，本体 M はほとんど影響しない．つまり M が何であろうと，O−H 間のバネはその強さを保っているのである．同じことは，本体 M と酸素 O の結合 C−O 間のバネにも当てはまる．

特 性 吸 収

 図3・4によれば，O−H 結合の伸縮振動には波数が 3700〜3000 cm^{-1}

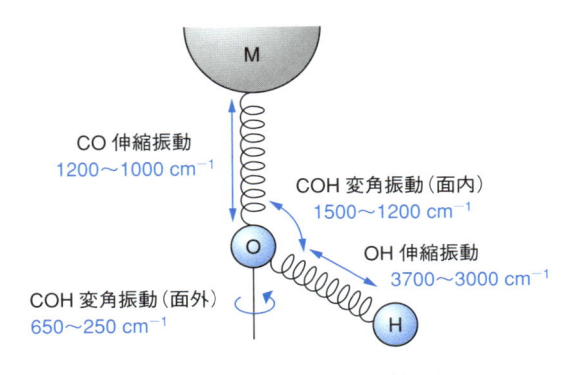

図3・4 官能基の振動と特性吸収

CO 伸縮振動　1200〜1000 cm^{-1}
COH 変角振動（面内）　1500〜1200 cm^{-1}
OH 伸縮振動　3700〜3000 cm^{-1}
COH 変角振動（面外）　650〜250 cm^{-1}

の光エネルギーが必要とされることがわかる．これは，分子の他の部分がどのような構造であれ，分子がO－H基をもっていれば，IRスペクトルには3700～3000 cm^{-1}の間に吸収が現れることを意味する．そして前項で見たように，この領域にはCH$_2$原子団による吸収は現れない．

これがIRスペクトルの特徴である．すなわち，IRスペクトルで3700～3000 cm^{-1}の間に吸収があれば，その分子はヒドロキシ基OHをもっている可能性が非常に高いことがわかるのである．このような特定の官能基に基づく特徴的な吸収を**特性吸収**（characteristic infrared absorption）という．

4. 特性吸収からの官能基の推定

IRスペクトルにおける特性吸収を見れば，有機分子のもつ官能基の種類を推定することができる．ここでは，各吸収領域がどのような官能基によるものかを具体的に見てみよう．図3・5には，いくつかの重要な特性吸収を示した．

3000 cm^{-1} 以上

この領域にはO－H，N－Hの伸縮振動による吸収が見られ，アルコールのOH基あるいはアミンのNH基の存在が推定できる．遊離OH基は中程度で鋭い吸収を示し，水素結合をしたOH基は強くて幅広い吸収を示す．また，水素結合したOH基の吸収は遊離OH基のものよりも低波数側に移動する（図3・8参照）．一方，NH基はOH基と比べて，吸収は弱い．

また，カルボン酸におけるCOOH基のO－H伸縮振動は，3000 cm^{-1}にまたがって非常に幅広い吸収を示す．カルボン酸も水素結合によって二量体を形成した場合は吸収が低波数側に移動する（p.36参照）．

3000 cm^{-1} 付近

この領域にはC－Hの伸縮振動に基づく吸収が見られる．二重結合に結合した＝C－H（アルケン，芳香族）や三重結合に結合した≡C－H（アルキン）は3000 cm^{-1}より高波数側に吸収をもつ．それに対して，単結合に結合したC－H（アルカン）は3000 cm^{-1}以下に吸収をもつので，両

ポイント！

官能基はその種類に固有の特性吸収をもつ．したがって，IRスペクトルから有機分子のもつ官能基の種類を知ることができる．

ポイント！

特性吸収の重要なものだけは，大体どの領域にどのような吸収があるのかを覚えておこう．あとは必要なときに，図3・5のような特性吸収のチャートを見れば良い．

水ではOHの伸縮振動による強い吸収が3700 cm^{-1}付近に，変角振動による強い吸収が1600 cm^{-1}付近にあるので，これらの領域に吸収をもつ官能基を確認したい場合には，十分に乾燥した試料で測定する必要がある．

アルキン≡C－Hのほうがアルケン＝C－Hよりもより高波数側に鋭い吸収が見られる．

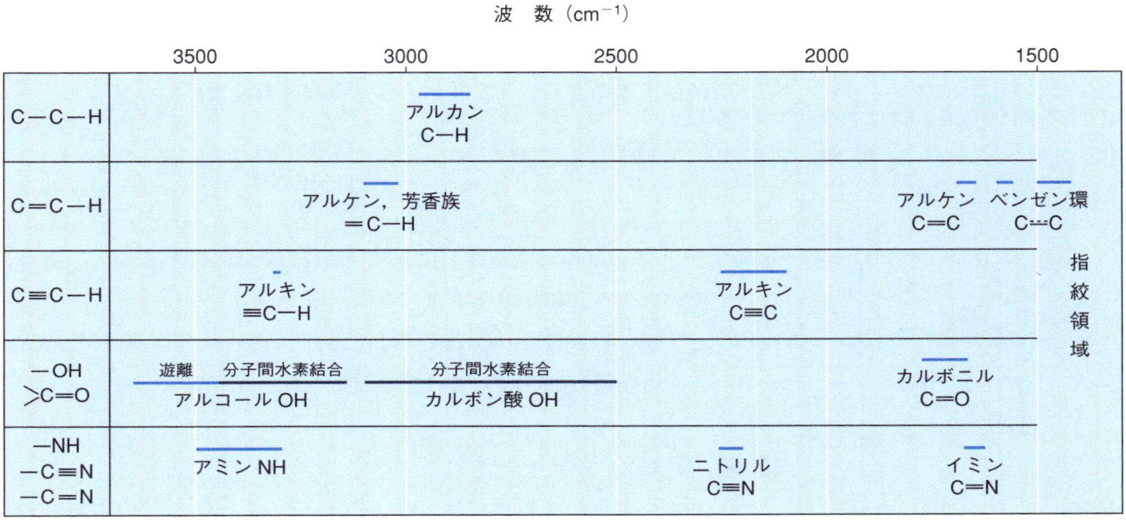

図3·5 いくつかの重要な特性吸収の位置.すべて伸縮振動によるもの.

者を区別することができる.

2200 cm⁻¹付近

　この領域に吸収をもつのは,C≡C,C≡N 三重結合の伸縮振動による吸収が見られ,アルキンおよびニトリル基の存在が推定できる.また,X=C=Yで表されるクムレン二重結合もこの領域に吸収を示す.これら以外には,この領域に吸収を示すものがなく,しかもピークの形がかなり鋭いので,この領域に吸収があれば,これらの存在が推定できる.また,これらの結合が他の不飽和結合と共役すると,吸収は低波数側へ移動する.

—N=C=O　2280〜2225 cm⁻¹
\>C=C=O　2200〜2000

1700 cm⁻¹付近

　この領域にはC=O（カルボニル）,C=N（イミン）の伸縮振動による吸収が見られる.特にC=O基によるものは,非常に強くて鋭い吸収を示し,IRスペクトルのうちで最も目立つピークである.しかし,これがケトンのカルボニル基C=O,アルデヒドのホルミル基CHO,カルボン酸のカルボキシ基COOHなどのうち,いずれの官能基によるものかを

アルケンのC=C伸縮振動による吸収もこの領域に狭い範囲で見られ,その吸収は弱い.

たとえば，ケトンであるかカルボン酸であるかは，3000 cm^{-1}にまたがった強く幅広い吸収の有無によって確認できる．これはカルボン酸のOH伸縮振動に特徴的なものである．

確実に同定するには，他の情報と合わせてみる必要がある．

また，C＝O基が共役すると，吸収は低波数側に移動する．さらに，カルボン酸は水素結合して二量化すると，吸収は低波数側に移動する．

R-C(=O)-OH
1760 cm^{-1}

R-C(=O···H-O)-(O-H···O=)C-R
1710 cm^{-1}

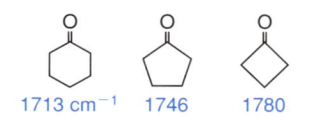

1713 cm^{-1} 1746 1780

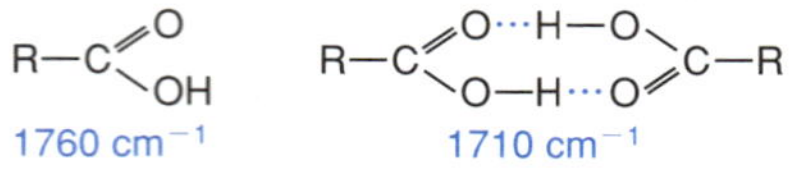

環状ケトンでは環の大きさによって吸収位置が移動するので，それによって環の大きさが推定できる．

ベンゼン環の存在は，1600 cm^{-1}付近および1500～1400 cm^{-1}に存在するC＝C伸縮振動による鋭い吸収で確認できる．

指 紋 領 域

1500 cm^{-1}より低波数側には，C-C，C-N，C-Oなどの単結合の伸縮振動や変角振動に基づく多くの吸収が重なり，非常に複雑である．しかし，その吸収パターンは化合物に固有のものであるために，化合物を同定する"指紋"の役割を果たす．そのため，この領域は**指紋領域**（fingerprint region）とよばれる．

指紋領域の吸収パターンを基準品と比較することで化合物の同定が可能である．この方法は工業的な品質管理や医薬品などの確認試験に利用されている．

IRスペクトルの模式図

図3・6は上記の特性吸収のなかから特徴的なものをいくつか取出して

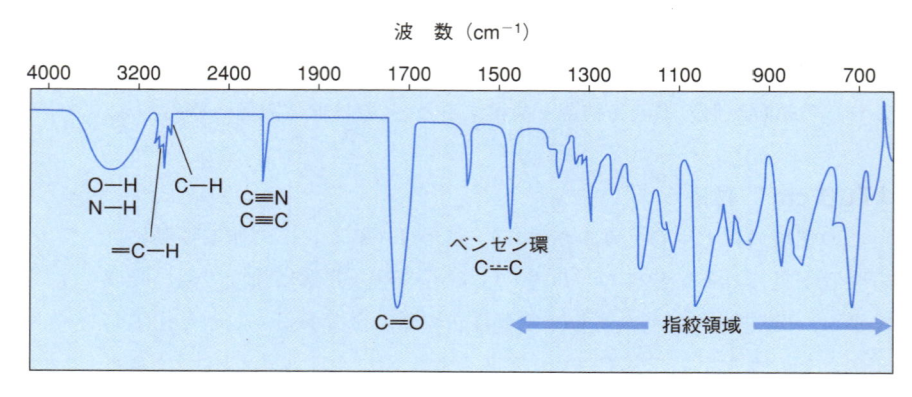

図3・6　特性吸収とIRスペクトル

描いた IR スペクトルの模式図である．

5. 結合次数と IR スペクトル

IR スペクトルは結合の振動エネルギーの大きさを反映する．強い結合を伸び縮みさせるには大きいエネルギーが必要であり，弱い結合を伸び縮みさせるときは小さいエネルギーですむ．

結 合 次 数

図 3・7 にはカルボニル基の IR スペクトルにおける吸収位置と結合次数の関係を示した．1 章で見たように，結合次数は結合に占める π 結合の強さを表したものである．ホルムアルデヒドのように，完全に 1 本分の π 結合が存在する場合には結合次数は 1 となるが，共役すると結合次数は減少する．

結合次数が 1 であれば，その結合は完全な二重結合であるが，1 より小さい場合には完全な二重結合よりも弱い結合と考えられる．

図 3・7 のグラフはこの関係をよく表している．すなわち，結合次数が大きいものほど高波数側に吸収は現れる．これは，結合次数の大きい結合ほど，伸び縮みするためには大きいエネルギーが必要なことを示している．

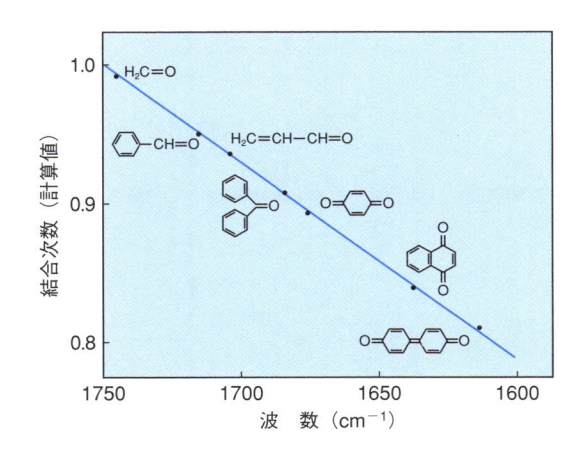

図 3・7 結合次数と吸収位置（波数）の関係

特性吸収の移動

前節で，ニトリル基 C≡N やカルボニル基 C＝O の特性吸収が，共役すると低波数側に移動することを見たが，これは上記の理由によるものである．

また，アルコールやカルボン酸が分子間で水素結合した場合にも低波数側に移動することも見てきた．図 3・8 に示すように，アルコールの場合は分子間で水素結合を形成することにより，アルコールのヒドロキシ基の H 原子が相手の X 原子（電気陰性度の高い）に引き寄せられ，O－H 結合が伸びて弱くなるためである．

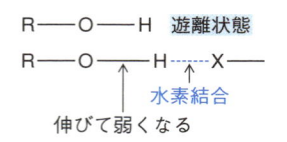

図 3・8 分子間水素結合

6. ラマンスペクトル

> インドの物理学者 C. V. Raman によって発見され，その名にちなんで命名された．

ラマンスペクトル（Raman spectrum）は IR スペクトルと同様に，分子の振動や回転のエネルギーに関する情報を与えてくれることである．

ラマン散乱

> レーザーが光源として用いられている．

図 3・9 は，IR スペクトルとラマンスペクトルの違いを模式的に示したものである．ラマンスペクトルの光源としては，通常，可視・紫外光（単一の振動数）が用いられる．IR スペクトルとラマンスペクトルの違いは，IR スペクトルが試料を透過した透過光を測定するのに対して，ラマンスペクトルでは試料によって散乱された散乱光を測定する．

> 波長の短い光（青紫系）ほど散乱されやすい．晴天の空の色が青いのは大気中の微粒子によって散乱された青い光だけが目に入るためである．一方，地平線近くにある太陽の光は昼間よりも厚い大気の層を通過するため青い光のほとんどが散乱されて，残った赤い光が届くため，夕焼けは赤く見える．

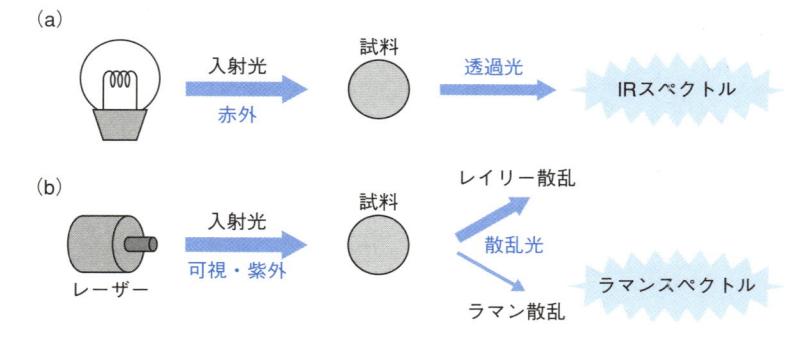

図 3・9 IR スペクトル（a）とラマンスペクトル（b）の原理

3. 赤外吸収スペクトル

試料に照射された光は分子によって散乱される．このとき，散乱光のうちのほとんどは照射した光と同じ振動数の光（レイリー散乱）であるが，照射した光と異なる振動数の光も微弱であるが散乱される．このような現象を**ラマン散乱**（Raman scattering）という．ラマン散乱では，散乱された光の振動数が分子の振動エネルギーに相当する．

ラマンスペクトルと IR スペクトルの相補的な関係

ラマンスペクトルと IR スペクトルは，分子の振動や回転のエネルギーについての情報を与えてくれるので，これらは基本的に同じものである．

しかしながら，ラマンスペクトルと IR スペクトルでは分子の振動による吸収が観測される条件が異なるために，IR スペクトルでは観測できる吸収がラマンスペクトルでは観測されない，あるいはその反対の場合がある．

すなわち，両スペクトルは互いに「相補的な関係」にあるのである．

赤外線が吸収されるためには，振動による分子の"双極子モーメント"の変化が，ラマン散乱が起こるためには"分極率"（電子雲のひずみ具合い）の変化が必要となる．

図 3・10(a) は CO_2 分子の基準となる振動を示したものである．CO_2 は

> **ポイント！**
> ラマンスペクトルと IR スペクトルは相補的な関係をもつ兄弟姉妹のスペクトルである．

> 地球温暖化のおもな原因となる二酸化炭素による温室効果は CO_2 による赤外線の吸収に基づくものである．

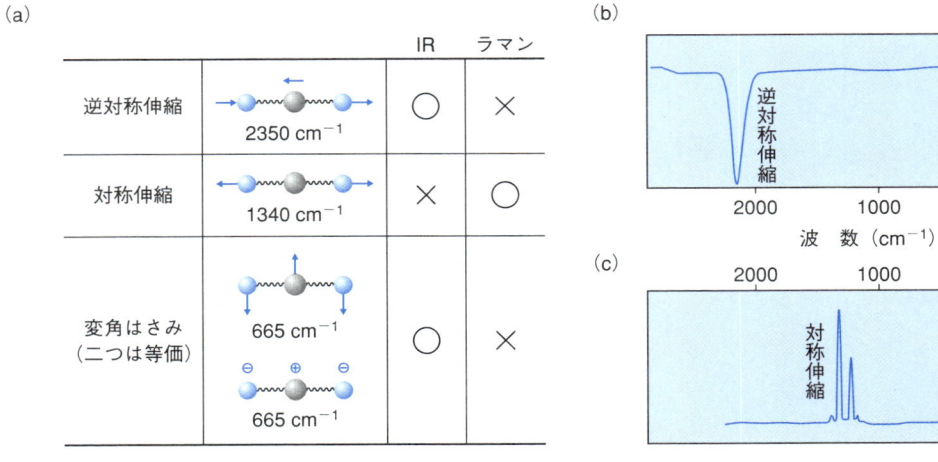

		IR	ラマン
逆対称伸縮	2350 cm^{-1}	○	×
対称伸縮	1340 cm^{-1}	×	○
変角はさみ（二つは等価）	665 cm^{-1} / 665 cm^{-1}	○	×

図 3・10　**ラマンスペクトルと IR スペクトルの相補的な関係**．(a) CO_2 の基準振動における吸収の有無，(b) CO_2 の IR スペクトルおよび，(c) ラマンスペクトルの模式図

直線形分子であるため，対称伸縮においては分極率のみが変化し，逆対称伸縮と変角振動においては双極子モーメントのみが変化する．そのため，IRスペクトルでは対称伸縮による吸収は見られず，逆対称伸縮および変角振動による吸収のみが観測される（図3・10b）．

一方，ラマンスペクトルからは対称伸縮による吸収のみが観測される（図3・10c）．これらの結果から両スペクトルの間に相補的な関係が成り立つことがわかるだろう．

特に，CO_2，ベンゼンなどのような対称中心をもつ分子において相補的な関係が成り立つ．

ラマンスペクトルの利点

ラマンスペクトルの利点として，水の変角振動による吸収が弱いので，溶媒として水の利用が可能であることがあげられる．このため，ラマンスペクトルは生体分子の測定にも用いられている．また，ラマンスペクトルでは可視・紫外領域の光を測定するので，ガラス製の容器が使用できる．

ラマンスペクトルは散乱光を測定するので，試料を測定機器に直接入れる必要がない．たとえば，雲にレーザー光を照射して散乱光を測定すれば，雲のラマンスペクトルが得られる．このような面においてもラマンスペクトルの用途は広がっている．

4 プロトン核磁気共鳴スペクトル 化学シフト

核磁気共鳴分光法（nuclear magnetic resonance spectroscopy, **NMR分光法**）は磁場中にある原子核に電磁波を照射することで得られた吸収スペクトル，すなわち**核磁気共鳴スペクトル**（nuclear magnetic resonance spectrum, **NMRスペクトル**）を用いて，分子の構造を解析する方法である．

原子核のなかで水素，炭素，酸素，窒素など，有機分子を構成する多くの原子についてNMRスペクトルを観測することができる．そのため，有機分子の構造決定においては，特に水素と炭素に関するNMRスペクトルは現在，必要不可欠なものとなっている．

NMRスペクトルが提供する基本的な情報には，化学シフトと結合定数がある．この章ではNMRスペクトルの基礎的事項と化学シフトについてふれ，結合定数については5章で見ることにしよう．

1. NMRスペクトルの基本原理

NMRスペクトルは磁場中にある原子核の状態を測定するものである．磁場中に置かれた原子核は特定の周波数（振動数）領域の電磁波を吸収する．このような吸収がNMRスペクトルとして観測できる．

ここでは，NMRスペクトルの基本的な原理について簡単に見てみることにしよう．

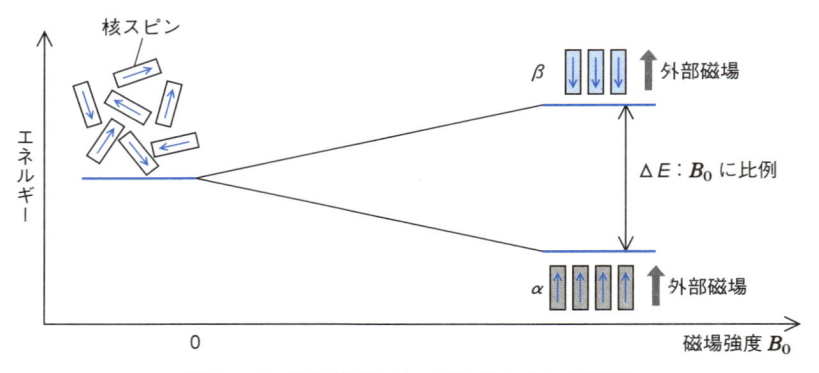

図4・1 外部磁場と核スピンの向きとの関係

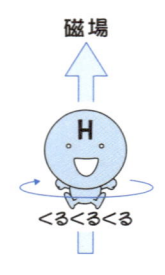

磁場中の原子核

電子と同様に原子核は自転しており,スピンをもっている.そして,原子核は正電荷をもつために自転によって磁場を発生するので,小さな棒磁石のような性質をもつ.

図4・1に示すように原子核を磁場中に入れると,ランダムになっていた核スピン(棒磁石)の向きが外部磁場と同じ向きに並ぶものと,反対向きに並ぶものがある.そして,外部磁場と同じ向きに並んだ状態(α)のほうが,反対向きに並んだ状態(β)よりエネルギーはわずかに低くなっている.そのため,エネルギーの低い安定なα状態のほうがエネルギーの高い不安定なβ状態より,わずかに多く存在する.この両状態間のエネルギー差ΔEは外部磁場の強度B_0に比例する((4・1)式).

$$\Delta E = \frac{h\gamma}{2\pi} B_0 \qquad (4\cdot 1)$$

ここで,γは磁気回転比とよばれ,原子核の種類によって固有の値をとる.また,hはプランク定数である.

そして,外部磁場と核スピンが同じ向きにある原子核にΔEに相当するエネルギーをもつ電磁波を照射すると,原子核はエネルギーを吸収して核スピンが逆向きの高いエネルギー状態へ遷移する.つまり,核スピンの反転が起こる.

NMRスペクトルの測定条件では,両状態間のエネルギー差は非常に小さく,これらの状態に存在する原子核の数の比はボルツマン分布によって決定される.その数の比は共鳴周波数 100 MHz(後述)の場合で,α状態の数:β状態の数 = 1000000:999983 である.ほぼ200万個の原子核が両状態に別れたとき,安定なほうへいく数はわずか17個ほどの多さにすぎない.

ポイント!

磁場中に置かれた原子核が照射された電磁波の周波数と共鳴して吸収が起こることから,"核磁気共鳴"とよばれる.

共鳴周波数

核磁気共鳴分光法では照射された電磁波と共鳴して吸収が起こる．共鳴に必要な電磁波の周波数（**共鳴周波数**，resonance frequency）は磁場強度 B_0 と原子核の種類で決まる（(4・2)式）．

$$\nu = \frac{\gamma B_0}{2\pi} \qquad (4・2)$$

すでに図4・1に示したように，磁場が強いほど核スピン状態間のエネルギー差 ΔE は大きくなり，さらに (4・2) 式からわかるように共鳴周波数が高くなる．逆に，磁場が弱ければ ΔE は小さくなり，共鳴周波数は低くなる．プロトン（水素原子核；陽子1個，中性子はもたない）における共鳴周波数と磁場強度の関係を表4・1に示す．

原子核の種類よっても共鳴周波数は変化する．たとえば，14.1 T（テスラ）の磁場に置かれた場合，プロトン（^{1}H）では 600 MHz（メガヘルツ），炭素の同位体 ^{13}C では 150 MHz の共鳴周波数が必要になる．図4・2には一定磁場 (14.1 T) における共鳴周波数を示した．この図からわかるように，原子核の種類によって共鳴周波数は異なる．たとえば，^{1}H は他の原子核（^{19}F は除く）と離れているので，他の原子核との共鳴が起こることなく測定できるのである．

ポイント!

この式は NMR の基本となる大切な式で，ラーモアの式とよばれる．
(4・1) 式に $E = h\nu$ を代入すると (4・2) 式になる．

磁気回転比 γ は ^{1}H が 2.68×10^8，^{13}C が 0.67×10^8 (rad T^{-1} s^{-1}) であり，これらを用いて (4・2) 式から，表4・1などの値を求めることができる．

表4・1 プロトンNMRの磁場強度と共鳴周波数

磁場強度 (T)	共鳴周波数 (MHz)
1.4	60
2.3	100
9.4	400
14.1	600

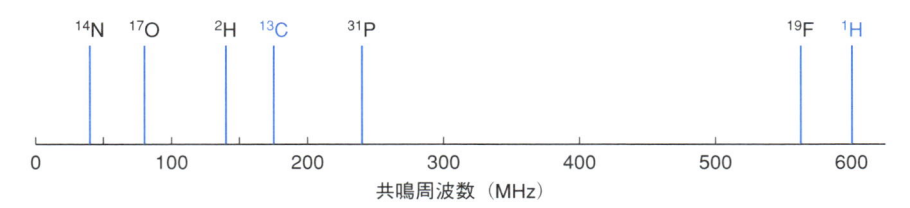

図4・2 一定磁場（14.1 T）中のおもな原子核の共鳴周波数

NMR 測定に用いる電磁波

現在，一般に NMR 測定に用いられる電磁波の周波数は 60〜600 MHz 程度であり，波長が 5〜0.5 m 程度の"ラジオ波"である．この領域の電磁波のエネルギーの大きさは 10^{-5}〜10^{-4} kJ/mol 程度であり，これは赤外スペクトル測定に必要な電磁波（赤外線）のエネルギー（5〜45 kJ/

mol）と比べても，非常に小さいことがわかる．

実際の測定では，一定の磁場のもと，ラジオ波の周波数を連続的に変化させて試料に照射していたが，最近の装置では測定に必要な周波数をもつラジオ波をパルスとして一度に照射する方法が用いられている（6章コラム「フーリエ変換 NMR」参照）．

> プロトン（^{1}H）の場合，現在，一般的には 300〜600 MHz の周波数（7〜14 T の磁場強度）が利用されている．測定周波数が高いほど，感度が良く，高性能である．

NMR で観測できる原子核

図 4・2 を見てみると，^{1}H のほかに有機化合物を構成する主要な同位体である ^{12}C や ^{16}O がないのがわかる．なぜ，だろうか？ これは，NMR によって観測できるのは，磁気的な性質（核スピン）をもつ原子核に限られるためである．このような原子核は奇数個の陽子あるいは中性子をもつものに相当する．一方，^{12}C や ^{16}O などの陽子も中性子も偶数個のものは磁気的性質を示さないので，NMR 測定で観測できない．

> 奇数個の陽子をもつ原子核：^{1}H，^{2}H，^{15}N，^{19}F，^{31}P など
> 奇数個の中性子をもつ原子核：^{13}C，^{17}O など

さらに，磁気的性質をもつ原子核のうちでも，^{1}H や ^{13}C のように核のまわりの電荷が球対称なものは NMR スペクトルが容易に得られる．

以上のような理由で，プロトン（^{1}H）を中心に NMR 測定が発展したのである．

> ある種の物質を極低温まで下げると，電気抵抗がゼロになることを"超伝導"という．超伝導状態では大きな電流を流し続けることができるために，強力な磁石をつくることができる．医療で利用されている MRI は核磁気共鳴の原理に基づいたものであり（章末のコラム参照），ここでも超伝導磁石が使われている．

NMR と磁石

有機化学が NMR 測定を最初に取入れたころ，^{1}H NMR の周波数は 60 MHz が主であり，このための磁場は永久磁石で十分であった．その後 100 MHz になると電磁石が用いられた．さらに 200 MHz になると，普通の電磁石の磁場では間に合わなくなり，超伝導磁石が用いられた．最新の NMR スペクトルでは 1000 MHz 近くになっている．ここでも超伝導磁石が用いられている．

---

2. NMR スペクトルの実際

> ^{13}C NMR については 6 章でふれる．

有機化学において最もよく利用されているのは，プロトン（^{1}H）NMR

シグナルと化学シフト

図4・3はエトキシ酢酸の ^{1}H NMR スペクトルである。縦軸はシグナルの強度を示している。一方、横軸は**化学シフト**（chemical shift、ケミカルシフト）とよばれ、単位は ppm である。横軸の目盛りは右側の 0 ppm を基準にし、左側へいくほど化学シフト値が大きくなり、高周波数になる。化学シフトは分子中のプロトンの電子的環境を反映するので、それらの値からプロトンのタイプを知ることができる。

図4・3に示すように、プロトンのタイプの違いによって、さまざまな吸収が現れる。たとえば、1.2 ppm に 3 本の線からなる吸収が見られ、このシグナルはプロトン (A) によるものであり、3.5 ppm の 4 本線はプロトン (B)、4.2 ppm の 1 本線はプロトン (C) に相当する。

このように1本の線からなるシグナルを**一重線**（singlet）という。そのほかに、複数の線からなるシグナルも見られ、2本の線からなるものを**二重線**（doublet）、3本のものを**三重線**（triplet）、4本のものを**四重線**（quartet）、

ポイント！

化学シフトは NMR において最も重要な情報の一つである。

化学シフトについては、本章の「4. 化学シフトって何だろう？」で詳しくふれる。

シグナルがなぜ複数の線に分裂するのかについては、5章でふれる。

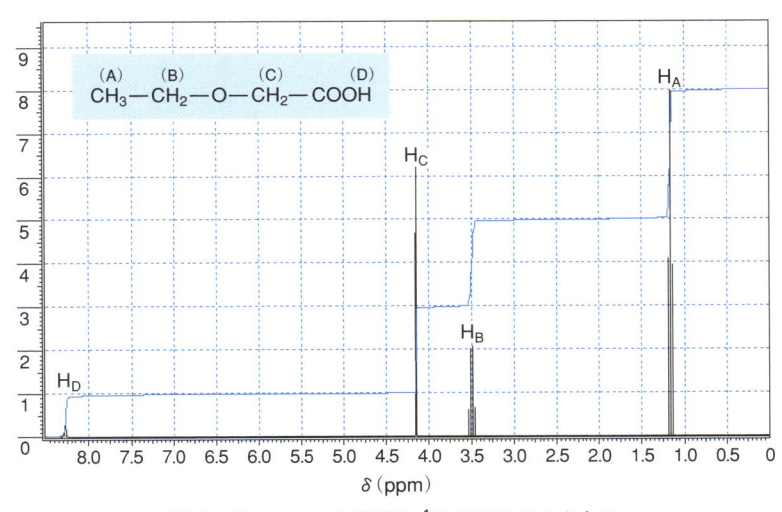

図4・3 エトキシ酢酸の ^{1}H NMR スペクトル

多くの線からなるものを**多重線**（multiplet）などという．

プロトンの数

図4・3のスペクトル中の階段状の曲線は，各シグナルの面積（強度）を**積分**（integration）という操作によって求めたものである．シグナルの面積はシグナルを与えるプロトンの個数に比例する．そして，曲線の段差の高さが各シグナルの面積に相当する．よって，この段差の高さの比から，それぞれのシグナルに相当するプロトンの数を求めることができる．

図4・3では，それぞれのシグナルを与える曲線の段差の高さの比は右側から3：2：2：1になる．上記の分子のプロトン数は全部で8個であるから，この高さの比はそのままプロトンの数となる．そして，各シグナルに相当するプロトンの数から，それぞれのシグナルがどのようなタイプのプロトンであるのかを知ることができる．

> 現在では，自動的に積分したシグナルの強度を数値として表示できるようになっている．

3．NMR 測定の実際

ここでは，NMR スペクトルがどのようにして測定されるのか簡単に見てみよう．

液体 NMR と固体 NMR

NMR スペクトルでは試料を溶液にして測定する方法と，固体のまま測定する方法の二通りがある．しかし，通常の NMR では固体試料の測定装置を備えていないことが多い．また，溶液で測定したほうが，一般に感度が高く（試料の量が少なくてすむ．通常は数 mg 程度で十分），精度も良いことが多いので，特別の理由がない限り，液体 NMR が用いられる．

重水素化溶媒

^{1}H NMR スペクトルを測定する場合，溶液中にあるすべてのプロトンが測定の対象になってしまうため，プロトンをもっている溶媒を用いることができない．そのため，溶媒としてはプロトンをもたない四塩化炭素 CCl_4 などが用いられる．

しかし，四塩化炭素は有機物質をあまり溶かすことができないので，溶解力の強い溶媒も必要となる．図4・2に示したように，^1Hと^2Hの共鳴周波数はかなり離れている．そこで，プロトンHを重水素D（^2H）に置換した重水素化溶媒が用いられる．クロロホルム$CHCl_3$を重水素化した重クロロホルム$CDCl_3$は溶解力も強く，価格も手頃なため最も多く利用されている．そのほかにも，重水D_2O，重水素化ベンゼンC_6D_6，重水素化アセトンCD_3COCD_3など，各種の重水素化溶媒が市販されている．

実際の測定

図4・4はNMR測定装置の模式図である．液体試料は多くの場合，長さ20 cm，外径5 mm程度のガラス製の試料管に入れる．さらに，試料管はコイルが入った筒状の容器に備え付けられる．これらのコイルには試料にラジオ波を照射する役割と，試料によるエネルギーの吸収（試料から得られたシグナル）を検出する役割がある．

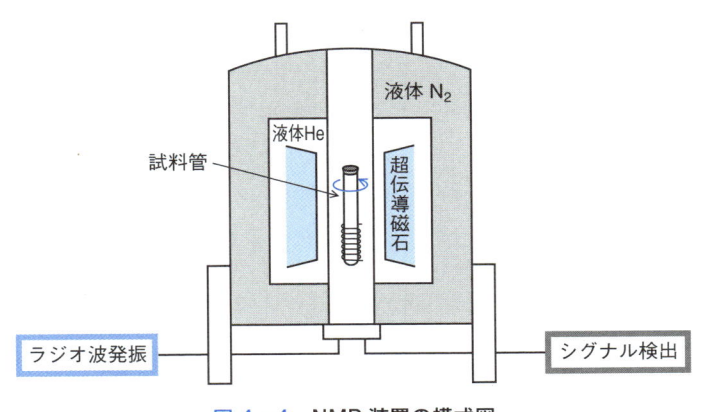

図4・4 NMR装置の模式図

試料管の入った筒状の容器は磁場を発生する超伝導磁石にはさまれている．これらは液体ヘリウムで満たされた断熱容器に格納され，さらに外側は液体窒素で満たされた断熱容器に囲まれている．

超伝導磁石は非常に強力である．そのため，磁気カードを近づけるとカードは破損するし，心臓にペースメーカーを入れている人などは危険をともなう．また，強力な磁気をもつ物質などを近づけると超伝導状態が破壊されて，発熱するため，超伝導磁石を囲っていた断熱容器の中の液体ヘリウムが気体になって噴出する（クエンチ）などの事故になるので，十分な注意が必要である．NMRスペクトルの測定は，必ず，十分な講習を受け，責任者の許可を得てからマニュアルにしたがって慎重に行わなければならない．

4. 化学シフトって何だろう？

　NMR測定で最も重要なものの一つは，化学シフトである．化学シフトの違いによって，分子中のプロトンのタイプを知ることができる．ここでは化学シフトがどのようなものであるのかを見てみよう．

化学シフトの単位

　すでに図4・3のNMRスペクトルで見たように，化学シフトはδ値とよばれる目盛りを用いており，その単位はppmであり，百万分の一を表す．^{1}H NMRにおいてプロトンの大部分は0 ppmから10 ppmの間に吸収をもつので，スペクトルの横軸は0〜10 ppmの範囲になっているものが多い．この化学シフトの値によって，プロトンのタイプを知ることができる．

電子による遮へい

　分子中の電子は磁場と相互作用して円運動を行い，外部磁場と逆向きの磁場を発生させる（図4・5）．このため，原子核は外部磁場より弱い磁場を感じることになる．つまり，電子の円運動によって発生した磁場によって，外部磁場が弱められる．このような効果を**遮へい**（shielding）という．そして，電子の円運動によって発生した逆向きの磁場の強度，つまり遮へいの程度は，電子密度に比例することがわかっている．

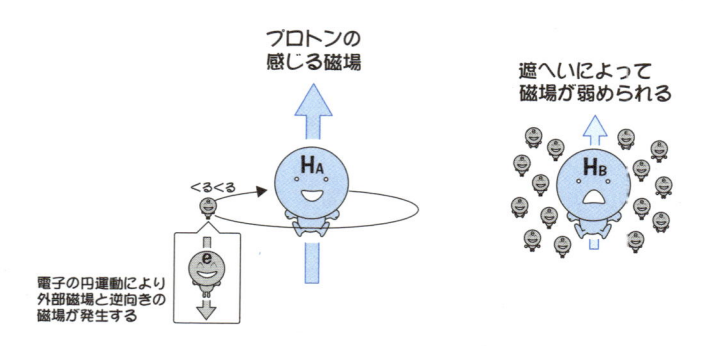

図4・5 電子の円運動により発生した磁場による遮へい

4. プロトン核磁気共鳴スペクトル──化学シフト

もう少し具体的に見てみよう．図 4・5 には，薄い電子雲（電子密度が低い）もつ H_A と厚い電子雲（電子密度が高い）をもつ H_B が示されている．ここでは H_B のほうが H_A より，実際に感じている磁場が弱いことになる．

これは，冬の寒い日にグラウンドに出た二人の少年に例えることができる．セーターを着た少年（厚い電子雲）はランニング姿の少年（薄い電子雲）よりも外の寒さを感じない．つまり，同じ気温でも二人の感じている寒さは違うのである．

化学シフトと共鳴周波数

電子密度の違いによって，プロトンの感じる実際の磁場強度は異なるために，共鳴周波数も変化する（(4・2)式参照）．このことは，図 4・6 に示すように電子密度の高い（遮へいが大きい）プロトンの吸収がスペクトルの右側（低周波数，高磁場）に現れることを示している．一方，電子密度が低い（遮へいが小さい）プロトンの吸収はスペクトルの左側（高周波数，低磁場）に現れる．

以上のように，プロトンの化学的環境による電子密度の違いによって，吸収位置に違い（ずれ）が見られる．これが「化学シフト」の意味すると

原子核が実際に感じる磁場強度を"実効磁場"という．

ポイント！

図 4・6 の関係をチェックしておこう．

以前は周波数を一定にして，磁場を変化させていたので，いまでも化学シフトの位置を示すときに，低磁場，高磁場という表現を使うことが多い．

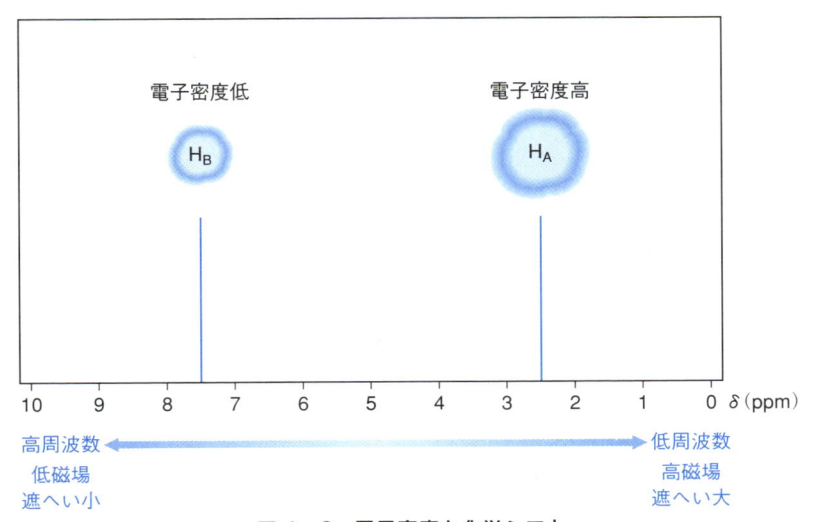

図 4・6 電子密度と化学シフト

ころである．

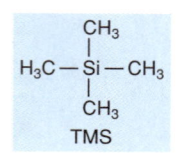

化学シフトの基準

このような化学シフトの違いは非常に小さく，共鳴周波数の100万分の1〜10，つまり1〜10 ppm程度にすぎない．そして，これがスペクトルの横軸に相当する．

化学シフトはスペクトルの一番右側の0 ppmを基準として，この値からのずれを示したものである．基準物質としては，テトラメチルシラン（TMS）を用いている．対称な分子であるTMSのプロトンはすべて同じ環境にあり，非常に大きく遮へいされているので，他の有機分子よりもスペクトルの右側（低周波数，高磁場）に1本の鋭い吸収となって現れる．そして，この吸収位置を基準（0 ppm）として，他の有機化合物の化学シフトが測定される．

また，化学シフトは60 MHz，600 MHzというように測定周波数（共鳴周波数）が違っても，同じタイプのプロトンはすべて同じ値を示す．

$$\begin{array}{c} CH_3 \\ | \\ H_3C-Si-CH_3 \\ | \\ CH_3 \\ TMS \end{array}$$

TMSは化学的に不活性で安定であり，ほとんどの有機溶媒に溶ける性質をもっている．試料に少量加えて測定すると，多くの場合，一番右側にTMSの1本の鋭いシグナルが見られる．そこで，この位置を0 ppmと決めてから測定を開始する．

5. 化学シフトに影響を与えるもの

これまで，プロトンの電子密度の違いが化学シフトに反映することを見てきた．ここでは，化学シフトに影響を与えるおもな要因を見てみよう．

誘 起 効 果

σ結合を通じて電子が移動し，電子密度が変化することを**誘起効果**（inductive effect）という．電気陰性度の大きい原子や電子求引性の置換基などが結合すると，炭化水素部分の電子は引き寄せられ，電子密度が低くなる．これを"電子求引効果"という．逆に，電子供給性の置換基などが結合すると電子を放出するので，炭化水素部分の電子密度が高くなる．これを"電子供給効果"という．いずれの場合も結合している置換基に近い部分ほど，その効果は大きい．

たとえば，メタンCH_4の水素原子1個を電気陰性度の大きい塩素原子Clで置換したCH_3Clでは，C−Cl結合の電子は塩素原子のほうに引き寄

🐱 ポイント！

化学シフトに影響を与える化学的要因として，電子密度の変化（誘起効果と共鳴効果）とπ電子の円運動による誘起磁場などがある．

電子求引基	電子供給基
−ハロゲン − OH, − NH_2 − CHO, − NO_2 − COOH	− CH_3, − C_2H_5

せられ，この影響がさらに C-H 結合にも及ぶので，プロトンの電子密度は低くなる．このため，化学シフトは CH_4 の 0.2 ppm に比べて，CH_3Cl では左側（高周波数，低磁場）に移動し，3.1 ppm となっている．また，電子求引効果は塩素原子に近いプロトンほど大きくなり，それを反映して塩素原子に近いプロトンほど，シグナルは左側に現れることがわかる（図 4・7）．

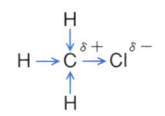

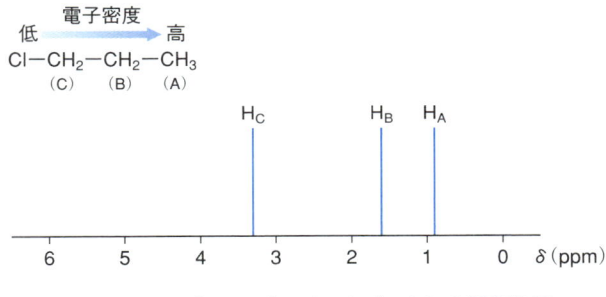

図 4・7　1-クロロプロパンのプロトンの吸収位置

共鳴効果

不飽和結合の π 電子や原子の非共有電子対が隣接する π 結合を通じて電子が移動し，電子密度が変化することを**共鳴効果**（resonance effect）という．誘起効果と同様に，電子を求引する場合と電子を供給する場合がある．

たとえば，図 4・8(a) に示すアクリルアルデヒド $CH_2=CH-CHO$ は，

π 電子が分子全体に広がる（非局在化する）ことで，分子が安定化することを"共鳴"という．
アクリルアルデヒドの分子構造は図 4・8(a) に示したように，複数の構造式の重ねあわせで表したほうが，実際の分子の性質を適切に表現できる．

図 4・8　アクリルアルデヒドの共鳴効果と化学シフト

カルボニル基 C=O の分極によって生じた炭素 ① の正電荷が隣の炭素 ② の電子を引き寄せるために，炭素 ③ の π 電子が不足し，電子密度が低下する．このため，図 4・8(b) に示すように，炭素 ③ のプロトンの化学シフトはブテンでは 5.0 ppm にあったのが，アクリルアルデヒドでは左側に移動し 6.5 ppm に現れている．

π 電子の円運動による誘起磁場

π 電子は加えられた磁場に垂直に円運動するため電流が生じ，これにともない磁場を誘起する．この誘起磁場の作用により，化学シフトが変化する．

図 4・9 には，π 電子の円運動によって誘起される磁場を描いたものである．ベンゼン環では環の平面上で π 電子が円運動し，外部磁場と逆向きの磁場を発生させる．ところが，ベンゼン環のプロトンは環の外側にあるので，誘起磁場 B_i の方向は外部磁場 B_0 と同じになる（図 4・9a）．このため，プロトンが感じる磁場は $B_0 + B_i$ となり，エネルギー分裂の差 ΔE が大きくなるので，シグナルは左側（高周波数，低磁場）に移動する．

C=C 二重結合のアルケンでは図 4・9(b) に示した π 電子の円運動による誘起された磁場の作用のほかに，二重結合の炭素原子がプロトンから電子を引き寄せるために，電子密度が小さくなる．この二つの効果によって，プロトンのシグナルは左側に現れる．

C=O 二重結合のカルボニル基は C=C 二重結合と同様である．すな

※ このような現象を"環電流効果"という．

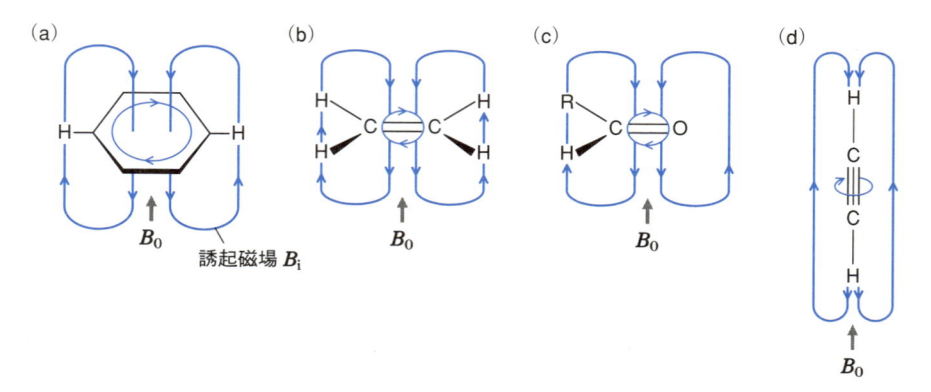

図 4・9 **環電流効果**．(a) ベンゼン環，(b) アルケン，(c) カルボニル，(d) アルキン

わち，カルボニル基 C＝O に結合したプロトンは外部磁場と同じ方向に磁場が発生する（図4・9c）．さらに，酸素原子は炭素原子よりかなり電気陰性度が大きいので，C＝O の炭素原子の電子密度が減少し，プロトンの遮へいが小さくなる．このため，カルボニル化合物の化学シフトはかなり左側に移動する．

図4・9(d) に示すように，アルキンのプロトンは外部磁場 B_0 と逆向きの誘起磁場 B_i が発生する．このため，プロトンは $B_0 - B_i$ の磁場を感じるので，シグナルは右側に移動する．

以上に示した化学シフトに及ぼす効果が具体的にどのようにスペクトルに現れるのかをつぎに見てみよう．

下記の芳香族化合物のように環の内側にもプロトンがある場合には，内側のプロトンは $B_0 - B_i$ の磁場を感じ，非常に強く遮へいされるので，化学シフトは右側に現れ，しかもマイナスになっている．

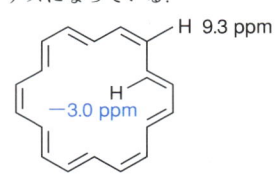

H 9.3 ppm
H −3.0 ppm

6. 分子構造と化学シフト

NMR スペクトルの特徴の一つは，化学シフトからプロトンがどのような電子的環境にあるのか，さらにいえば，どのような炭素原子についたプロトンであるかがわかることである．これは分子構造を決定する場合に，非常に重要な手がかりとなる情報である．

アルカン

メチル基 −CH_3 のシグナルはプロトン3個分の積分強度をもつので，他のシグナルと区別しやすい．飽和炭素原子に結合したメチル基のプロトンのシグナルは 0.7〜1.2 ppm に見られる．メチレン基 −CH_2− ではメチル基よりも左側に現れ，メチン基 −CH ではさらに左側に移動する．表4・2 に 2-メチルペンタンの化学シフト値を示した．

環式アルカンであるシクロプロパン C_3H_6 では，0.2 ppm にシグナルが見られる（図9・6参照）．

```
            CH₃(A)
(B)  (C)  (D) |
CH₃−CH₂−CH₂−CH(E)
              |
              CH₃
     2-メチルペンタン
```

表4・2　2-メチルペンタンの化学シフト

プロトン	δ (ppm)
A（メチル）	0.9
B（メチル）	0.9
C（メチレン）	1.2
D（メチレン）	1.3
E（メチン）	1.5

電子求引基や不飽和基の結合

上記のアルキル基がハロゲンや酸素などの電気陰性度の大きい原子や，カルボニル基，ベンゼン環などの不飽和基に結合した場合はさらに左側（高周波数，低磁場）にシグナルが現れる．

図4・10は2-ブタノンの ^{1}H NMRスペクトルの模式図である．同じメチルプロトンでも飽和炭素原子に結合しているメチルプロトン(A)は1.0 ppm付近に，カルボニル基に結合しているメチルプロトン(B)は2.1 ppm付近に見られる．ベンゼン環に結合したメチルプロトンも同様である（図4・11のプロトン(B)参照）．

ハロゲンが結合した炭素原子に結合したプロトンの場合も同様であり，特に，最も電気陰性度の大きいフッ化アルキルのプロトンは最も左側に現れる（表4・3）．

表4・3 ハロゲン化アルキルのプロトンの化学シフト

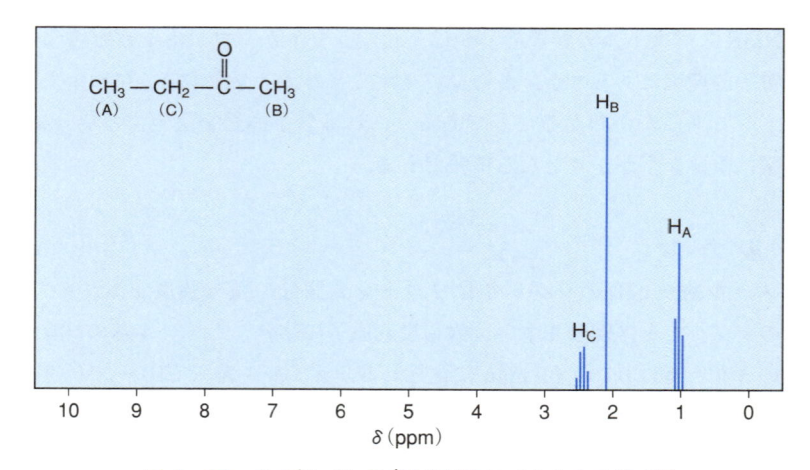

分子式	δ (ppm)
CH$_3$F	4.1
CH$_3$Cl	3.1
CH$_3$Br	2.7
CH$_3$I	2.2

図4・10 2-ブタノンの ^{1}H NMRスペクトルの模式図

アルケン，アルキン，芳香族

三重結合炭素原子に結合したプロトンは，2.0〜3.0 ppmにシグナルが見られる．さらに，二重結合炭素原子に結合したプロトンは4.5 ppm〜6.5 ppmに（図4・8参照），共役二重結合炭素原子に結合したプロトンはさらに左側に移動する．芳香環に結合したプロトンは6.5 ppm〜9.0 ppm

に特徴的なシグナルが見られる．ベンゼン環のすべてのプロトンは 7.3 ppm に，複素芳香族のピリジンはプロトンの位置によって異なるが 7.2 ～ 8.6 ppm に吸収をもつ．

図 4・11 は p-エチルトルエンの ^{1}H NMR スペクトルの模式図である．芳香環に直接結合したプロトン(D)は他のプロトンに比べてかなり左側に特徴的な吸収を示している．

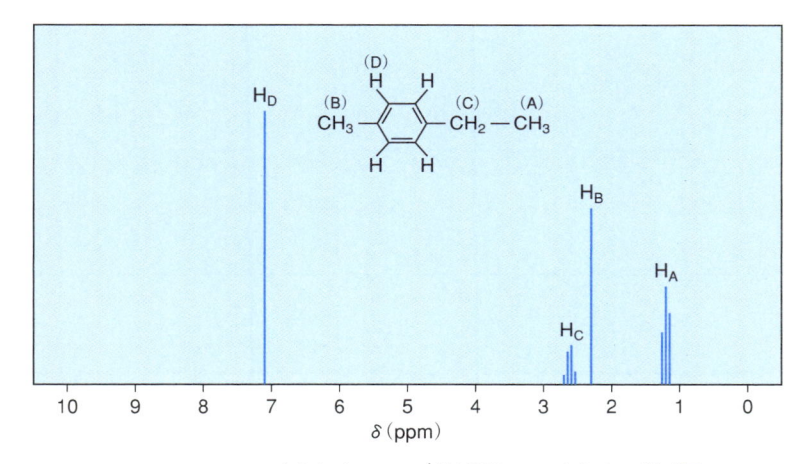

図 4・11　p-エチルトルエンの ^{1}H NMR スペクトルの模式図

アルデヒド

スペクトルの最も左側（高周波数，低磁場）に見られるものにアルデヒドのプロトンがある．そのシグナルは一般に 9.5 ～ 10 ppm 付近にはっきりと観測できる（図 10・11 参照）．

カルボン酸は一般にはアルデヒドよりもさらに左側にシグナルが現れるが，カルボキシプロトンは解離しやすいので，本来の位置にシグナルを観測するのは難しく，しかも明瞭に現れないことが多い（図 4・3 参照）．ただし，条件の違いによって，たとえば水素結合の形成によってプロトンの解離が抑えられた場合などは明瞭なシグナルが観測できるようになる．

以上のように，化学シフト値からプロトンのタイプがわかり，さらに分子構造が推測できる．図 4・12 は化学シフトとプロトンのタイプの関係をまとめたものである．

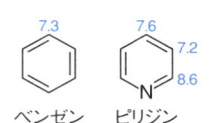

同様にアルコールの－OH 基も濃度，水素結合の形成，不純物などの影響によって化学シフトが大きく変化する．

ポイント！

図 4・12 のようなチャートから，プロトンのタイプによってどのあたりに吸収があるかを知っておくと便利である．

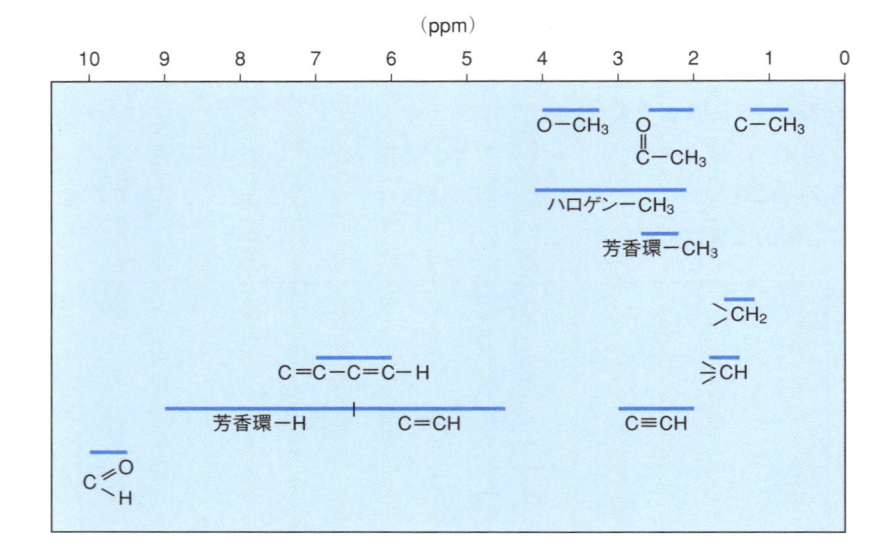

図4・12 化学シフトとプロトンのタイプ

MRIと核磁気共鳴

　医療で広く利用されている **MRI**（magnetic resonance imaging, **磁気共鳴画像診断**）は，強力な磁場でできた筒の中に入って，臓器や血管などに生じた病巣を画像化して診断する方法である．このような MRI の原理は核磁気共鳴に基づいている．

　MRI ではプロトンの核磁気共鳴から得られる情報を画像化している．プロトンからなる水は私たちの体の約 70 % を占めているので，MRI の画像は体の中にある水の状態を反映したものといえる．

　すでに図4・1に示したように磁場中のプロトンは二つの磁気的な状態をとる．そして，スピンを反転させた β 状態のプロトンが元の α 状態に戻る（この現象を緩和という）速度は，プロトンの環境によって変化することがわかっている．

　たとえば，腫瘍に含まれる水は正常な細胞に含まれる水より緩和時間が短く，このことがシグナルの違いとなって現れ，これを画像化したものが MRI である．

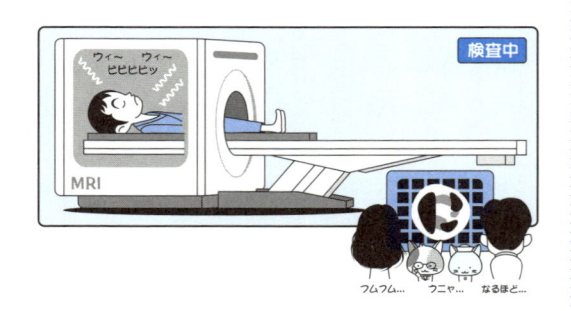

5 プロトン核磁気共鳴スペクトル 結合定数

NMR スペクトルは，分子中における原子核に関するさまざまな情報を提供する．そのような情報のなかで，前章で見た化学シフトとともに重要なものが結合定数である．

結合定数は特にプロトンの NMR スペクトルにおいて重要であり，炭素-炭素結合を通じたプロトン同士の位置関係，特に立体的な環境についての情報を与えてくれる．

1. なぜ，シグナルは分裂するのか

ここでは，結合定数とはどのようなもので，なぜシグナルが何本かに分裂するのかを見てみよう．

結 合 定 数

すでに見たように，NMR スペクトルのシグナルは何本かに分裂していることが多い．図 5・1 は塩化エチル（クロロエタン）の ^{1}H NMR スペクトルの模式図である．1.5 ppm に 3 本に分裂した三重線，3.5 ppm に 4 本に分裂した四重線が見られる．

ここで，分裂したピークの間隔を**結合定数**（coupling constant）という．図 5・1 の塩化エチルの三重線のピークの間隔および四重線のピークの間隔，つまり結合定数はいずれも等しく，7.2 Hz となっている（図 5・4 参照）．このように結合定数は Hz（ヘルツ）単位で表される．

II. 電磁波とスペクトル

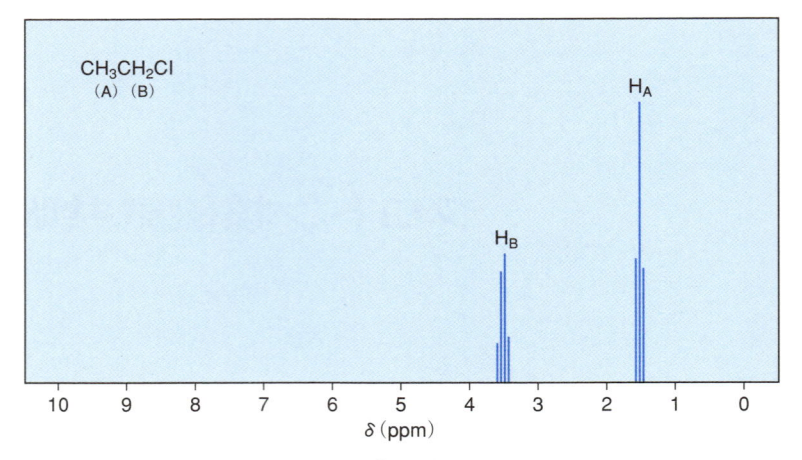

図 5・1 塩化エチルの ^{1}H NMR スペクトルの模式図

ポイント！
NMR スペクトルにおいて，結合定数は化学シフトとともに重要な情報となる．

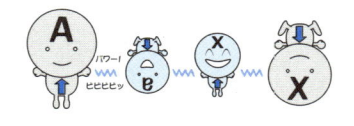

図 5・2 スピン-スピン結合

このような結合定数の値から得られる情報については，あとで述べることにして，以下では「なぜ，スペクトルのシグナルが何本かに分裂するのか」について見てみることにする．

スピン-スピン結合

ここでは，化学的に等価でない2個の原子核AとXが2個の結合電子a, xによって結合している状態を見てみよう（図5・2）．これまで見てきたように，原子核と電子はスピンをもつ．いま，原子核Aのスピンが↑（α状態）であるとすると，電子aのスピンは原子核Aのスピンと反対向きになるとエネルギー的に安定になるために，↓（β状態）になる．さらに，結合電子対をつくる2個の電子は同じ軌道に入っており，互いにスピンを反対にするために，電子xのスピンは↑（α状態）になる．その結果，原子核Xのスピンは↓となるほうがエネルギー的に安定になる．逆に，原子核Aのスピンが↓（β状態）のときは，原子核Xのスピンは↑（α状態）にあるほうがエネルギー的に安定である．

このように原子核のスピンが化学結合を通じて相互作用することを**スピン-スピン結合**（spin-spin coupling）という．

シグナルの分裂と結合定数

NMR スペクトルのシグナルの分裂は,このスピン–スピン結合により生じたものである.つまり,原子核 A から見て,原子核 X のスピンが↑(α 状態),↓(β 状態)のどちらであるかによって,二つの異なるエネルギー状態が生じ,それを反映してシグナルは化学シフトの位置を中心として 2 本に分裂する(図 5・3a).原子核 X についても同様である.

そして,これらの二つの状態のエネルギー差,つまり分裂したピークの間隔に相当するのが,結合定数であり,$^nJ_{AX}$ で表す.ここで,n は原子核間の結合の数である.

さらに,ここで重要なことは,互いにスピン–スピン結合した原子核の結合定数は等しいということである(図 5・4 参照).そして,結合定数は化学シフトとは異なり,外部磁場の大きさに依存しない.

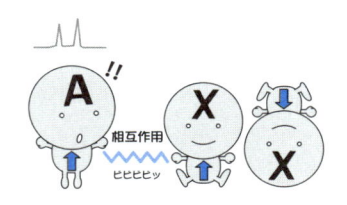

化学的に等価である場合,化学シフトが等しいために,シグナルの分裂は起こらない.たとえば,水素分子 H_A-H_X のときにはプロトンが互いに化学的に等価であるので,シグナルの分裂は観測されない.

ポイント!
原子核のもつスピンが化学結合を通じて相互作用するために,シグナルの分裂が起こる.

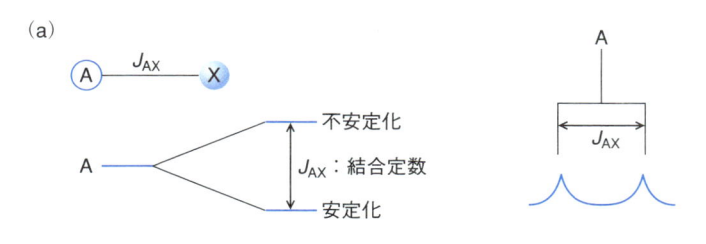

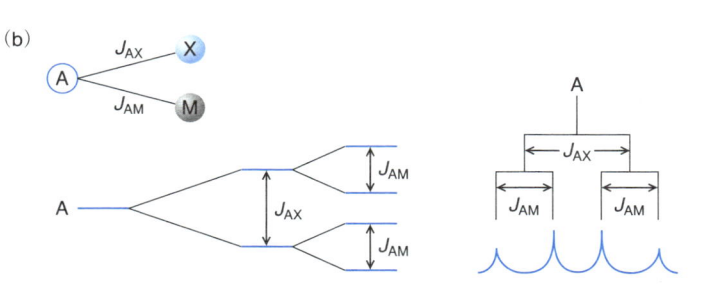

シグナル分裂のパターン

上記の考え方はスピン結合をする原子核がさらに増えても当てはめることができる.

図 5・3 シグナルの分裂パターン.(a) AX 系,(b) AMX 系

図 5・3(b) は原子核 A が二つの異なる原子核 M, X と結合した場合のシグナルの分裂を示したものである．このような場合は，一つずつ順番に考えればよい．まず，原子核 A は原子核 X とのスピン結合によって，シグナルが 2 本に分裂する．さらに，分裂した 2 本のピークは原子核 M とのスピン結合により，それぞれ 2 本に分裂する．この結果，原子核 A のシグナルは 4 本に分裂し，つまり二重線の二重線となる．

> どのような順番で分裂させても，同じ結果になる．

ここで，原子核 M と X が磁気的に等しい場合には，スピン結合定数 $J_{AM}=J_{AX}$ となるので，シグナルの分裂は 3 本になる．

> 3 本の真ん中のピークは本来 2 本のピークが重なったものであるので，ピークの強度は 1:2:1 になる．

2. シグナル分裂の実際

ここでは実際の NMR スペクトルをもとにして，シグナルの分裂について具体的に見てみよう．

単純な分裂パターン

すでに図 5・1 に示した塩化エチル CH_3CH_2Cl の ^1H NMR スペクトルでは，シグナルが三重線と四重線に分裂しているのが観測された．

まず，メチルプロトンについて見てみよう．2 個のメチレンプロトンとのスピン-スピン相互作用によって，スピンは 4 種類の組合わせができる（図 5・4a）．ここで，2 個のメチレンプロトンは等価であるので，そのうちの 2 組は同じものであるために，シグナルは 4 本ではなく，3 本に分裂

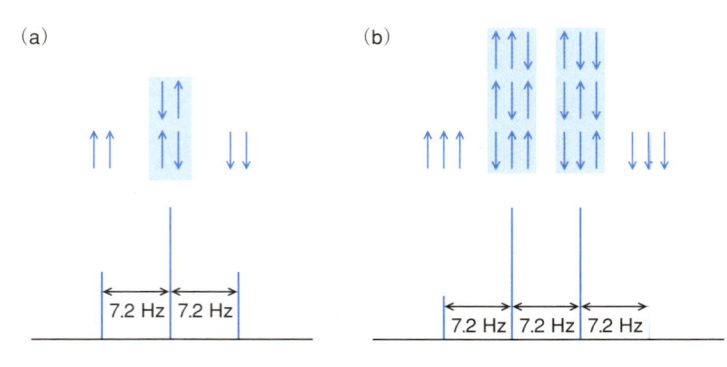

図 5・4　スピンの組合わせとシグナルの分裂．(a) メチルプロトン，(b) メチレンプロトン

する.これらの3本のピークの強度は1:2:1である.

一方,メチレンプロトンは3個のメチルプロトンとの相互作用によって,スピンは8種類の組合わせができるが,3個のメチルプロトンは等価であるので,実際には4通りだけになる(図5・4b).このため,シグナルは4本に分裂する.これらの4本のピークの強度は1:3:3:1である.

シグナル分裂の数と強度

一般にプロトン H_A のシグナルは,隣に n 個の等価なプロトン H_X がある場合に,$n+1$ 本のピークに分裂することがわかっている.これを **$(n+1)$ の規則** という(図5・5a).また,その強度は $n=1$ のとき 1:1,$n=2$ のとき 1:2:1,… となる.これらの関係は"パスカルの三角形"を使うとわかりやすい(図5・5b).

異なる2種類以上のプロトンが隣にあるときは,隣の等価なプロトンの組に対して,順番に $(n+1)$ の規則を当てはめればよい(図5・3b 参照).

ただし,$(n+1)$ の規則を当てはめることができるのは,隣にあるプロトン同士の環境が著しく異なるとき,つまり化学シフトに大きな差があるときだけであることに注意が必要である.

図5・1の塩化エチルの例に $(n+1)$ の規則を当てはめると,メチルプロトンは隣に2個の等価なメチレンプロトンがあるので,$n=2$ となり,$(2+1)$ 本のピークに分裂する.一方,メチレンプロトンは隣に3個の等価なメチルプロトンがあるので,$n=3$ となり,$(3+1)$ 本のピークに分裂することがわかる.

一般に,化学シフト(Hz)の差が結合定数 J の10倍以上のときである.

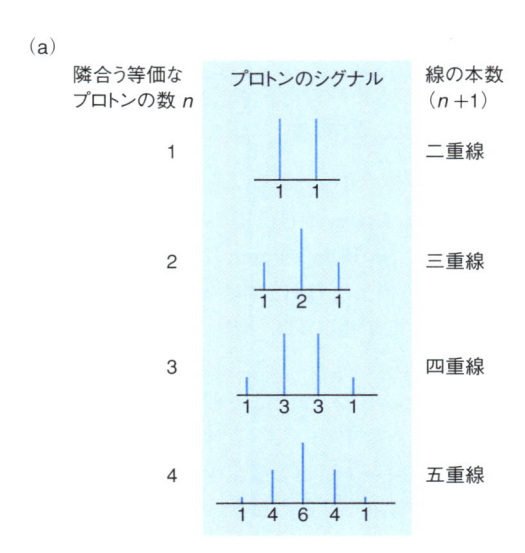

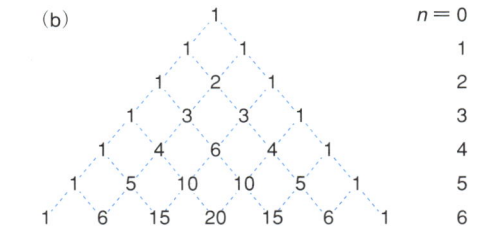

図5・5 シグナル分裂の数と強度. (a) $(n+1)$ の規則.(b) パスカルの三角形.上段の数の和が下段の数となる.横一列がピークの強度比を示す.

これまでのことから，スピン-スピン結合について以下のようにまとめられる．

> ① 化学的に等価なプロトン同士ではシグナルの分裂は起こらない．
> ② 隣に n 個の等価なプロトンがある場合は，結合定数 J をもつ $(n+1)$ 本のピークに分裂する．
> ③ 互いにスピン結合しているプロトン同士は同じ結合定数をもつ．

磁場強度の高い NMR 装置が必要な理由

$(n+1)$ の規則が当てはまる場合でも，隣にあるプロトンとの化学シフトの差が小さくなると，スペクトルが重なり，解析が困難になる．このため，シグナルの分離を改善するためには，磁場強度の強い（共鳴周波数の高い）装置での測定が必要になる（コラム参照）．

図 5・6 の三つのスペクトルは，同じ化合物である塩化ブチルの ^{1}H NMR スペクトルを共鳴周波数（磁場強度）の異なる NMR 装置（60 MHz，300 MHz，600 MHz）を用いて測定したものである．60 MHz ではシグナルが重なりあって複雑に見えたスペクトルが，300 MHz では分離され，さらに 600 MHz ではすっきりとしていることがわかる（図 5・6 の脚注参照）．

ポイント！
磁場強度の強い（共鳴周波数の高い）装置ほど，スペクトルが改善され高分解能な測定ができる．

---

ppm と Hz の関係

化学シフトの単位は ppm（100 万分の 1）である．したがって，共鳴周波数が 60 MHz の NMR における 1 ppm は 60 MHz の 100 万分の 1，すなわち 60 Hz であり，600 MHz の NMR なら 1 ppm は 600 Hz である．このように，化学シフトの 1 ppm に相当する Hz 数は NMR 装置の共鳴周波数（磁場強度）の大きさによって変化する．一方，結合定数は共鳴周波数に関係なく，常に一定である．

したがって，共鳴周波数が高くなるほど，1 ppm の間隔に対する結合定数の相対値は小さくなり，シグナルは細くなる．この結果，共鳴周波数の高い，つまり高分解能な NMR 装置を用いて測定すれば，各シグナルの間隔が広がって分離するので，解析が容易になる．

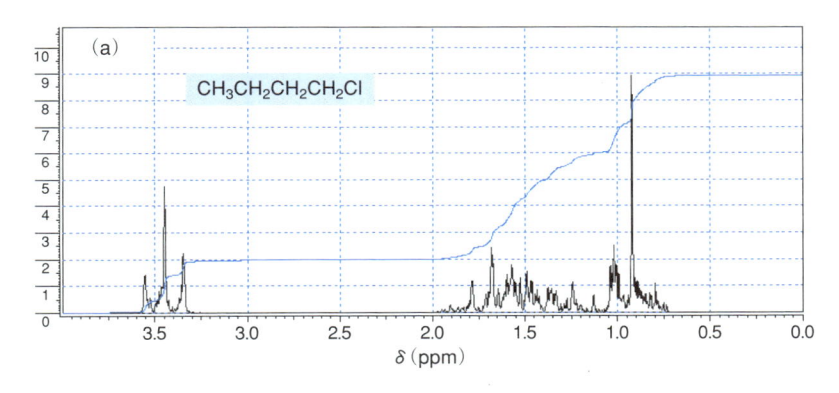

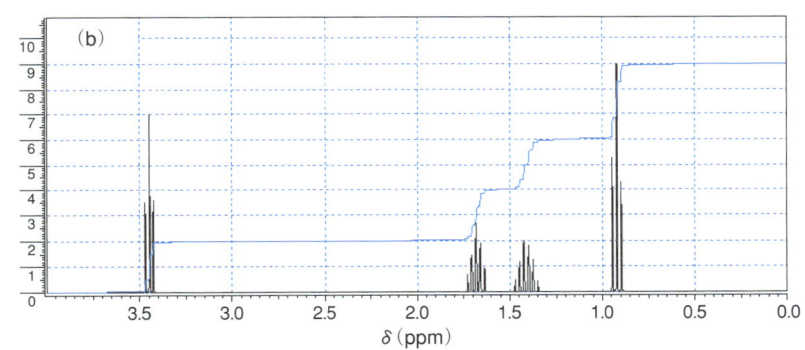

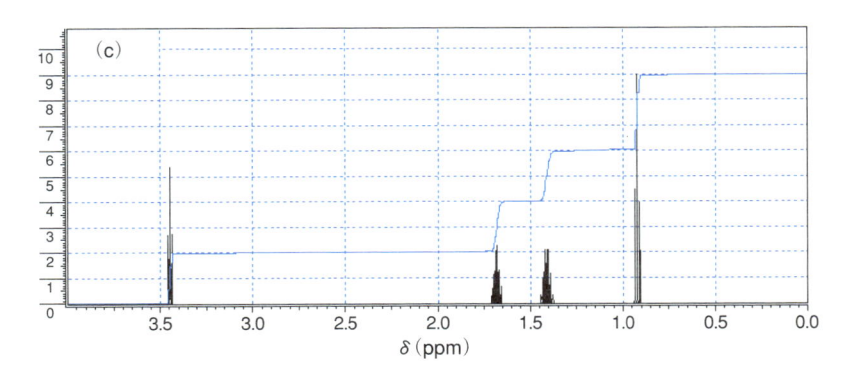

600 MHz では各シグナルはまとまって見える．これは，化学シフトの 1 ppm 単位が 60 MHz では 60 Hz, 600 MHz では 600 Hz に相当することに起因する．すなわち，スペクトルのチャートにおける 1 ppm 分の幅が同じであるために，ppm 単位における 1 Hz 分の目盛りの間隔が，周波数が大きくなるにつれて狭くなったために起きたことである．これらのシグナルの分裂は拡大された表示によってはっきりと観測することができる（図 10・11，図 10・13 参照）．

図 5・6 共鳴周波数の異なる塩化ブチルの ^{1}H NMR スペクトル．(a) 60 MHz, (b) 300 MHz, (c) 600 MHz

3. 結合定数から何がわかるのか

ここでは、結合定数からどのような情報が得られるのかについて見てみよう。

化学結合とスピン-スピン結合

スピン-スピン結合は介在する化学結合の数が多くなるほど、その作用が減少する。このため、一般に2本あるいは3本の化学結合を隔てたときに大きな結合定数をもち、それ以上になると問題にならない程度になる。

H_A-C-H_Xのように2個の化学結合を隔てたものを"ジェミナルスピン結合"といい、結合定数を$^2J_{AX}$で表す。また、$H_A-C-C-H_X$のような3個の化学結合を隔てたものを"ビシナルスピン結合"といい、$^3J_{AX}$と表す。

図5・7にプロトンのおもな結合定数を示した。結合定数の値から、以下のような情報が得られる。

> 4本以上の化学結合が介在したときでも、アリル($H_A-C=C-C-H_X$)型や$H_A-C-C-C-H_X$がジグザグのW字型の結合をもつプロトン、あるいはベンゼン環のパラ、メタ位置関係にあるプロトンでは、結合定数がある程度の大きさをもつ。
> このように4本以上の化学結合が介在したときのものを"遠隔スピン結合"という。

ポイント！
結合定数から、プロトン同士の位置関係、特に立体的な環境についての情報が得られる。

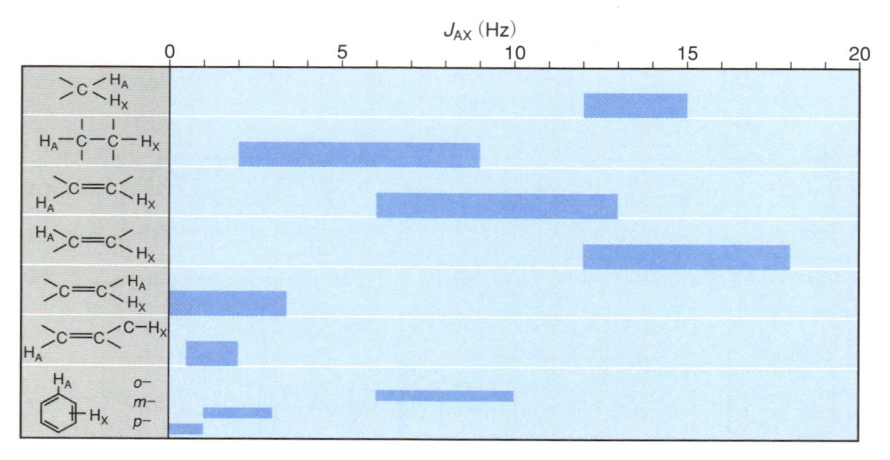

図5・7 プロトンの結合定数

二面角と結合定数

ビシナルスピン結合における結合定数^3Jは"二面角"に依存することが知られている。二面角とは図5・8(a)に示した角度φであり、結合定

> これをカープラス則という。

(a)

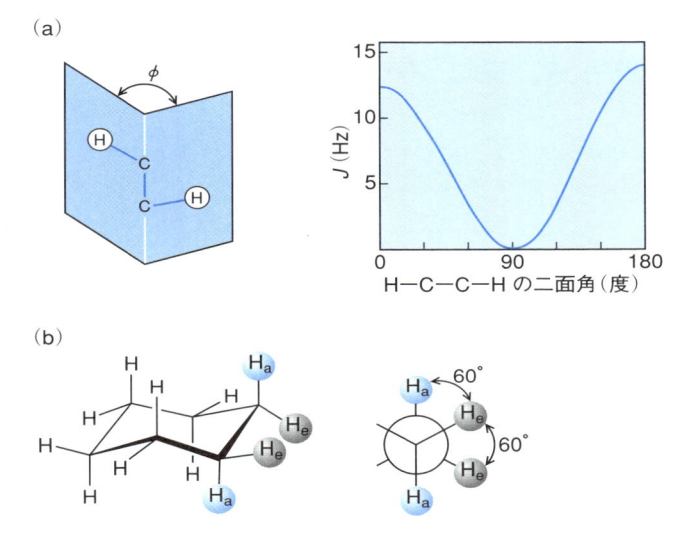

(b)

図 5・8　二面角と結合定数．（a）ビシナルプロトンの二面角と結合定数．
（b）いす形シクロヘキサンのプロトンの二面角

数は $\phi=0°$，180°のとき最も大きく，90°付近でゼロに近くなる．

　ここでは，いす形シクロヘキサンを例にとって見てみよう（図5・8b）．二面角 $\phi=180°$ のアキシアル-アキシアルプロトン（H_a-H_a）の結合定数 J_{aa} は 8～12 Hz である．一方，$\phi=60°$ のアキシアル-エクアトリアルプロトン（H_a-H_e）の結合定数 J_{ae} とエクアトリアル-エクアトリアルプロトン（H_e-H_e）の結合定数 J_{ee} は 2～3 Hz である．

　このように結合定数からプロトンの立体的な配置を知ることができる．

シス-トランスおよびオルト，メタ，パラ

　結合定数からわかる重要なこととして，アルケンのシス-トランスやベンゼン環のオルト，メタ，パラの位置関係についてなどがある．

　一般にシス体よりトランス体のほうが結合定数は大きいことがわかっている（図5・7参照）．

　ベンゼン環では位置関係の違いによって，結合定数は変化し，オルト＞メタ＞パラの順になる．ベンゼン環のプロトンの結合定数はオルト 6～10 Hz，メタでは 1～3 Hz，パラでは 0～1 Hz である．

シクロヘキサンのいす形構造は室温では速く相互変換するので，アキシアルとエクアトリアルのプロトンは化学的に等価である．このため，室温で測定すると，1本のシグナルのみを与える．ところが，温度を低下させて測定すると相互変換が凍結されるので，アキシアルとエクアトリアルのプロトンの区別が可能となり，2種類のシグナルが得られるようになる．

4. スピン・デカップリング

スピン・デカップリングによって，複雑なスペクトルを簡単なものにすることができる．

スピン・デカップリングとは

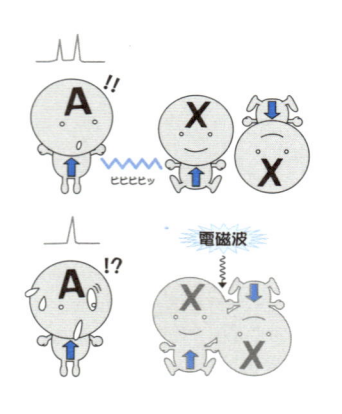

NMR スペクトルには多くの分裂したシグナルがあって複雑になるため，しばしば解析が困難になる．このようなスピン-スピン結合によるシグナルの分裂をやめることができれば，スペクトルはかなり単純化され，解析しやすくなるはずである．このための手法として開発されたのが**スピン・デカップリング**（spin-decoupling）である．

シグナルの分裂はスピン-スピン結合によって，α と β の二つのスピン状態が生じたために起こった．スピン・デカップリングではスピン-スピン結合している一方のプロトンに共鳴周波数のラジオ波を照射する．そうすると，二つのスピン状態が速い速度で相互に移り変わるために，スピン状態が平均化される．このため，片方のプロトンから見たもう一方のプロトンの二つのスピン状態の区別がつかなくなり，スピン-スピン結合がなくなるために，シグナルの分裂が消失する．

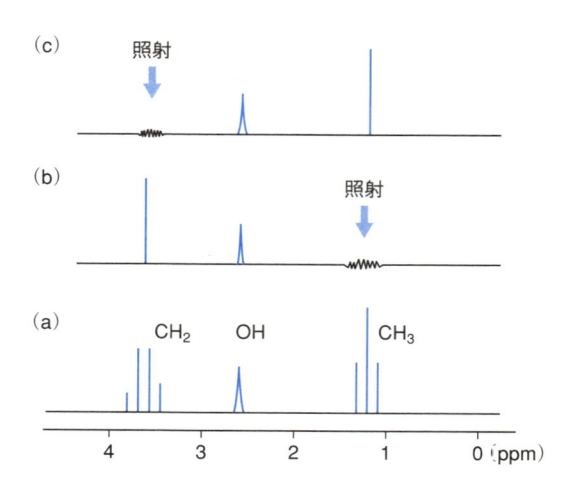

> デ・カップリングはスピン結合（カップリング）をなくすという意味である．

図 5・9 エタノールの ^{1}H NMR スペクトルとスピン・デカップリングの模式図

スピン・デカップリングの例と実際

図5・9はエタノールの ^{1}H NMR スペクトルを用いてスピン・デカップリングを行った模式図である．(a) の通常のスピン結合のあるスペクトルでは，メチルプロトン CH_3 による三重線とメチレンプロトン CH_2 による四重線の分裂したシグナルが見られる．

(b) のスペクトルはメチルプロトンに共鳴周波数を照射してデカップリングを行ったものである．三重線のシグナルは消えて，スピン結合の相手であるメチレンプロトンの四重線は一重線となっている．同様に，(c) のスペクトルはメチレンプロトンに照射したものであり，四重線は消えて，メチルプロトンの三重線が一重線となっている．

つぎに，実際のスペクトルに対してスピン・デカップリングを行った結果を見てみよう．図5・10はニトロプロパンの ^{1}H NMR スペクトルである．

図5・10(a) は通常の ^{1}H NMR スペクトルであり，メチルプロトン (A) のシグナルは三重線に，メチレンプロトン (B)，(C) のシグナルはそれぞれ多重線，三重線に分裂している．

図5・10(b)～(d) はスピン・デカップリングしたスペクトルである．スペクトル (b) はメチルプロトン (A) にラジオ波を照射したものである．このプロトンとスピン-スピン結合していたメチレンプロトン (B) のシグナルはデカップリングによって，多重線から三重線に変化している．一方，メチレンプロトン (C) はメチルプロトン (A) との間にスピン-スピンが存在しないので，シグナルに変化はない．

メチレンプロトン (B) に照射したスペクトル (c) では，デカップリングによって他のプロトンのシグナルが単純な一重線に変化しているのがわかる．さらに，メチレンプロトン (C) に照射したスペクトル (d) では，メチレンプロトン (B) のシグナルが多重線から四重線に変化している．

スピン・デカップリングの有用性として，以下のことがあげられる．

① シグナルの分裂が解消されて，スペクトルが単純化される．そのため，結合定数が決定できる．
② スピン-スピン結合をしている相手のプロトンがわかる．

エタノールのヒドロキシ基 OH のプロトンのシグナルがなぜ一重線なのかについてはコラムを見てみよう．

ポイント！

スピン・デカップリングによって，スピン結合している相手のプロトンのシグナルの分裂を解消することができる．このため，複雑なスペクトルを単純化でき，構造解析に役立つ情報が得られる．

スピン・デカップリングについては，6章でも取上げる．

(A) (B) (C)
CH$_3$CH$_2$CH$_2$NO$_2$
ニトロプロパン

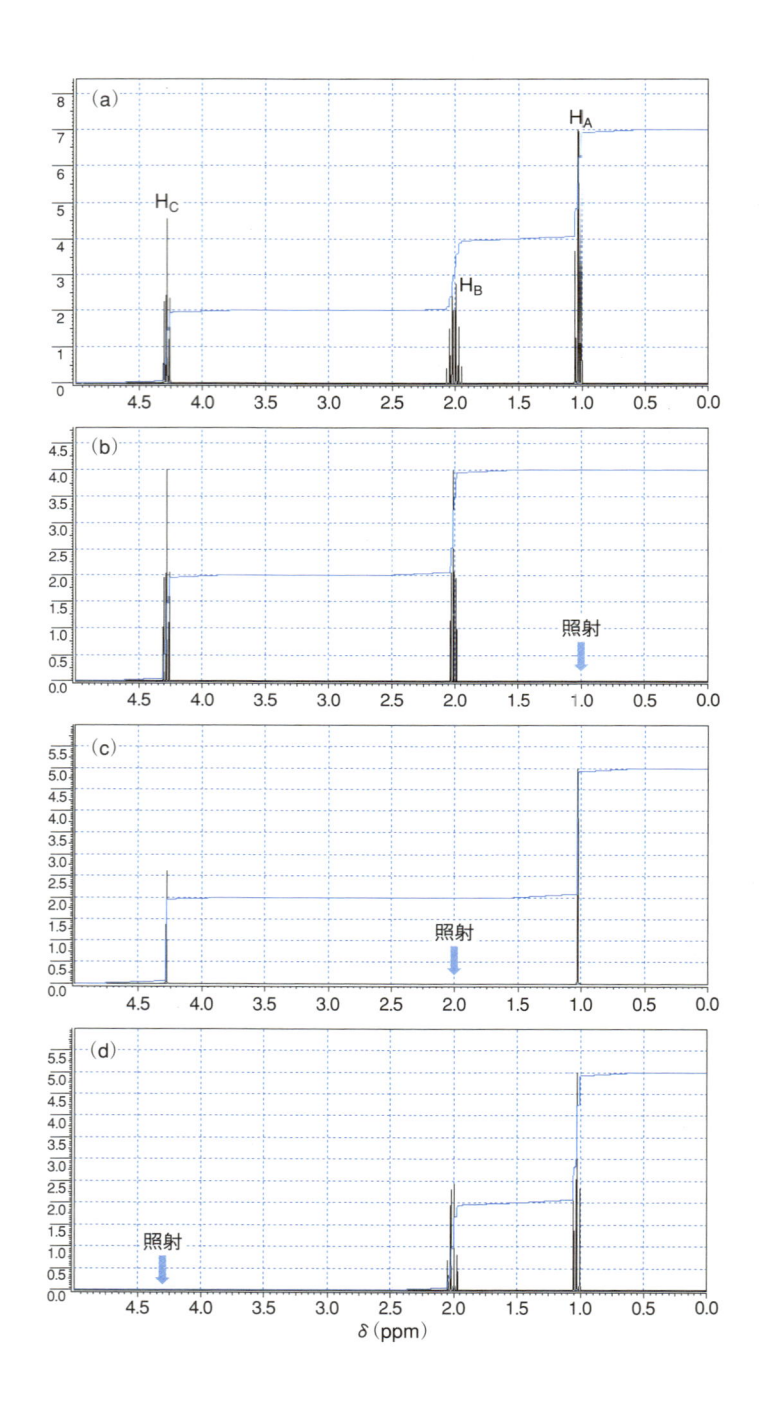

図 5・10 ニトロプロパンの ^{1}H NMR スペクトル．(a) 通常のスペクトル，(b)〜(d) スピン・デカップリングしたスペクトル

プロトン交換によるデカップリング

エタノールのヒドロキシ基 OH のプロトンは，なぜ1本のシグナルなのだろうか（図5・9参照）．このプロトンは2個のメチレンプロトン CH_2 と隣合っているので，スピン-スピン結合のために三重線になるはずである．

この理由はプロトンの速い交換によるものである．弱酸性である OH 基のプロトンは溶液中に水分や酸性の不純物が含まれていると，これらのプロトンとの速い交換が起こる．そして，このプロトンの交換は NMR 測定の時間スケールよりも速い速度で行われている．そのために，メチレンプロトンから見れば，OH 基のプロトンの二つのスピン状態を区別できず，平均的な姿しか観察していないことになる．

このことはプロトンの速い交換により，これらのプロトン同士のスピン-スピン結合がなくなったこと，つまりデカップリングが行われたことを意味している．このため，OH 基のプロトンは一重線に，メチレンプロトンは四重線（メチルプロトンとのスピン結合による）となる．このような現象はアミンの NH 基のプロトンでも見られる．

純粋なエタノールを用いて測定すれば，スピン-スピン結合が観測され，OH 基のプロトンは三重線にメチレンプロトンは八重線（二重線からなる四重線）となる．

ただし，シグナル同士が非常に接近しているときには，対象となるプロトンだけに照射することが困難な場合もある．その場合は，共鳴周波数（磁場強度）の大きな装置や二次元 NMR（6章参照）を使用して，シグナルの分離を改善する必要がある．

また，照射前後でのスペクトルの変化がわかりづらいときには，差スペクトルを用いるとよい（後述）．

5. 核オーバーハウザー効果（NOE）

スピン結合定数からプロトン同士の立体的な位置関係についての情報が得られることがわかった．そのほかにも，スピン-スピン結合とは異なる仕方での相互作用ではあるが，有機化合物の立体化学に関する情報を与えてくれるものがある．

空間を通じた相互作用

これまでに見てきたスピン–スピン結合は化学結合を通じた相互作用であった．一方で，原子核（ここではプロトン）同士が化学結合ではなく，空間を通じて相互作用することがある．これを**核オーバーハウザー効果**（nuclear overhauser effect, **NOE**）という．プロトン同士の空間を通じた距離が近ければ近いほど，NOE は大きくなる．

NOE の基本原理は，2 個のプロトン H_A と H_X が空間的に近い距離にあるときに，片方のプロトン H_A に共鳴周波数のラジオ波を照射すると，空間を通じてのエネルギーの移動が起こり，エネルギーを受取ったもう一方のプロトン H_X のシグナル強度が増大するというものである（図 5・11）．

ポイント！

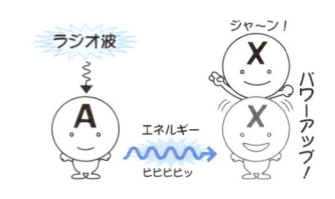

NOE スペクトルによって，プロトン同士の空間的な位置関係がわかり，有機化合物の立体構造に関する情報を得ることができる．

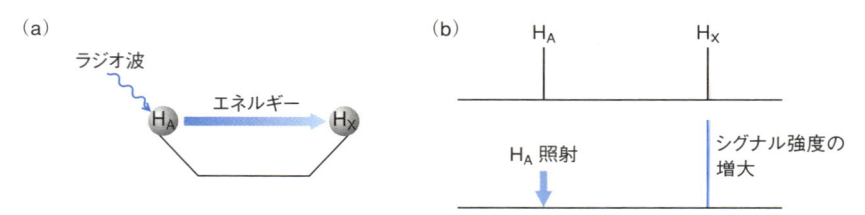

図 5・11 NOE の基本原理（a）と NOE スペクトルの模式図（b）．
（b）の上が通常の ^{1}H NMR スペクトル，下が NOE スペクトル

NOE 差スペクトル

NOE はプロトン同士の空間を通じた距離の 6 乗に反比例するので，少しでも遠くなると，その効果は急激に減少する．そのため，シグナル強度の増大が小さく，わかりにくいこともある（図 5・12b）．

そこで，NOE スペクトルから通常の ^{1}H NMR スペクトルを差し引けば，強度の増大したシグナルだけが残る．このようなスペクトルを **NOE 差スペクトル**という（図 5・12c）．NOE 差スペクトルを用いれば，強度の変化したシグナルだけがわかり，プロトン同士の立体的な位置関係がはっきりと示される．

5. プロトン核磁気共鳴スペクトル ── 結合定数　71

(a)

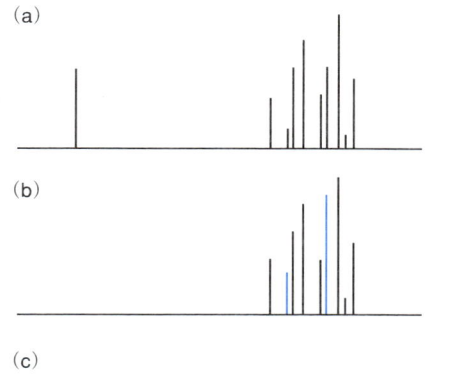

(b)

(c)

シグナル強度の
増加した分だけが
現れている

図 5・12　NOE 差スペクトルの模式図.
(a) 通常のスペクトル, (b) NOE スペクトル, (c) NOE 差スペクトル

6 炭素13および二次元核磁気共鳴スペクトル

　有機化合物を構成するおもな原子は炭素と水素であるので，炭素に関する核磁気共鳴分光法は構造決定に非常に有効な手段となっている．ここでは，^{1}H NMR と比較しながら，炭素に関する NMR スペクトルの特徴について見てみよう．

　さらに，構造解析の強力な武器となり，最近進歩の著しい二次元 NMR についても，その基本となる代表的なものについて簡単に説明する．

1. 炭素 13 NMR スペクトル

　炭素に関する核磁気共鳴分光法は，天然にはわずかにしか含まれない質量数 13 の同位体を対象としたものである．このため，炭素 13 核磁気共鳴分光法，あるいは ^{13}C NMR 分光法とよばれる．

NMR で観測できる炭素の原子核

　原子の中心にある原子核は陽子と中性子からなっている．そして，原子のなかには，陽子の数は同じだが，中性子の数が異なるものが存在する．これらを互いに"同位体"という．すなわち，同位体では原子番号（陽子数）は等しいが，質量数（陽子数＋中性子数）が異なっている．多くの原子では，特定の同位体の存在度が極端に大きいが，例外もある（表 7・2 参照）．

　天然に存在する炭素の同位体のほとんどは質量数 12 の ^{12}C であり，全体の 98.9 % を占める．ところが，NMR スペクトルを観測できる原子核は原子の種類は，以下のような元素記号によって表される．

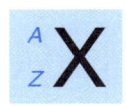

$$_Z^A X$$

X：元素記号
Z：原子番号 ＝ 陽子数
A：質量数 ＝ 陽子数 ＋ 中性子数

74　II. 電磁波とスペクトル

ポイント！

炭素のNMRスペクトルは，質量数13の^{13}C核について測定したものである。

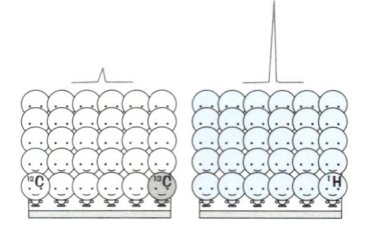

原子核の検出感度は磁気回転比の3乗に比例する。炭素の磁気回転比はプロトンの約1/4であり（p.43の脚注参照），しかも存在度が1.1％であるので，その検出感度はおよそ6000分の1になる。

何百回，何千回と測定を繰返して，ランダムに出るノイズを平均化すれば，ノイズは少なくなり，^{13}Cのシグナルがはっきりと現れてくるはずである。しかし，そのためには，膨大な時間がかかる。フーリエ変換NMR装置の出現によって，これらの問題が解決された（コラム参照）。

奇数個の陽子または中性子をもつものに限られるため，陽子数が6個，中性子数が6個である^{12}CについてのNMRスペクトルを測定することができない。しかしその一方で，質量数13の^{13}Cは中性子数が7個の奇数であるために測定が可能となる。

^{13}C NMRの特徴

ここでは^{1}H NMRと比較しながら，^{13}C NMRがもつ特徴について簡単に見てみよう。

^{13}C NMRでは，測定対象となる^{13}C核が1.1％とわずかしか存在しないために，検出できる感度が非常に小さくなる。^{1}H NMRと比較すると，その感度はおよそ6000分の1である。そのため，^{13}Cのシグナルは非常に小さく，ノイズに埋もれてはっきりとわからないものが観測される。しかし，現在では，測定に必要な領域の周波数を一度にパルス波として照射するNMR測定装置を用いて，^{13}Cのシグナルがはっきりと現れるスペクトルが短時間で得られるようになった（図6・1）。

共鳴周波数は（4・2）式に示したように磁気回転比の大きさに比例するので，同じ磁場強度のもとでは，プロトンの4分の1の大きさになる（図4・2参照）。

^{13}Cの存在量は1.1％とわずかなので，^{13}C核同士のスピン-スピン結合は非常に小さくなる。しかし，^{1}H核とのスピン-スピン結合は現れて，ス

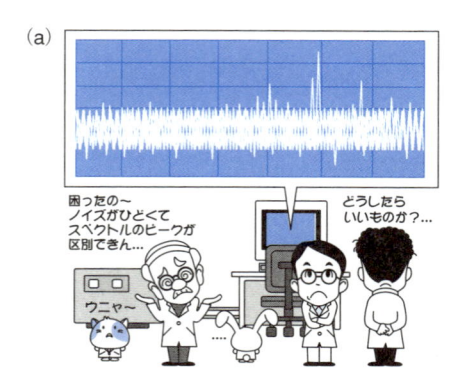

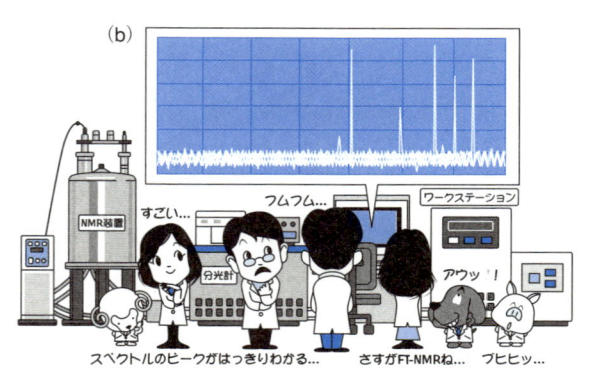

図6・1　^{13}C NMRスペクトル．(a) 従来の装置によるもの，(b) FT-NMR装置によるもの

フーリエ変換 NMR

　従来の NMR 分光法は，連続的に周波数（あるいは磁場強度）を変化させて共鳴させる方式であった．そのため，測定に時間がかかり，多くの量の試料を必要とした．しかし，**フーリエ変換 NMR**（Fourier transformation NMR, FT-NMR）の出現によって，短時間で，しかも少ない量の試料で，きれいなスペクトルが得られるようになっている．

　FT-NMR では，一定磁場のもとで，すべての共鳴周波数の範囲をカバーするラジオ波のパルスを瞬時に照射する．すると，試料中の ^1H 核や ^{13}C 核では同時に共鳴が起こり，さまざまな要素を含んだシグナルが得られる．これらのシグナルをフーリエ変換という数学的な取扱いをコンピューターで行うと，通常の NMR スペクトルが得られる．さらに，この測定を何回も繰返してシグナルを積算して平均化すると，感度が向上し，ノイズの少ないスペクトルが得られる．そのため，存在度が低いために測定の困難であった ^{13}C NMR スペクトルも容易に得られるようになった．

従来では 1 回の測定に数分かかっていたものが，FT-NMR では数秒しかかからない．また，感度の向上によって，^1H NMR では数 μg，^{13}C NMR では数 mg の試料での測定が可能となっている．

ポイント！

さまざまな問題が解決されたことで，現在では ^{13}C NMR スペクトルは有機化合物の構造解析において強力な武器となっている．

ペクトルを複雑にする．^{13}C 核同士での相互作用は 1.1 ％の 1.1 ％，すなわち 100 万分の 1 程度であるが，^1H 核の存在度は非常に大きいので（表 7・2 参照），^1H 核と ^{13}C 核との相互作用は無視できなくなる．この問題を解決するために，以下で見るデカップリングの方法を利用することで，スペクトルが単純化される．

2. 炭素 13 NMR スペクトルの実際

　ここでは，どのような ^{13}C NMR スペクトルがあるのかを具体的に見てみよう．

広帯域デカップリング・スペクトル

　^{13}C NMR スペクトルでは，プロトンとのスピン-スピン結合によってシグナルが分裂し，複雑になる．このため，通常，^{13}C NMR スペクトルで

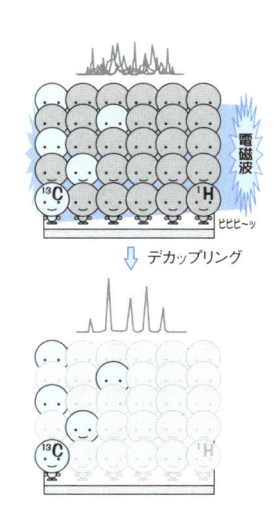

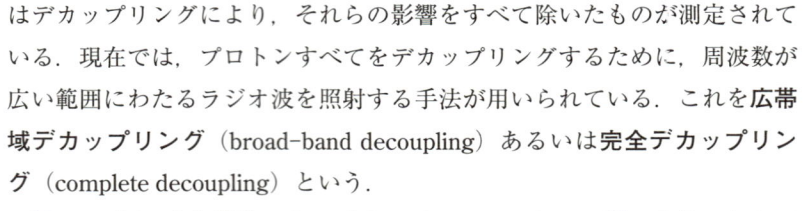

はデカップリングにより，それらの影響をすべて除いたものが測定されている．現在では，プロトンすべてをデカップリングするために，周波数が広い範囲にわたるラジオ波を照射する手法が用いられている．これを**広帯域デカップリング**（broad-band decoupling）あるいは**完全デカップリング**（complete decoupling）という．

図6・2(a)は広帯域デカップリング・スペクトルの例である．ここではすべてのシグナルの分裂が消えて，それぞれの ^{13}C 核について1本のシグナルとなって現れる．スペクトルは非常に簡単化され，鋭敏なシグナルによって，化学シフトがはっきりと読み取れる．

プロトンと同様に，^{13}C NMRスペクトルの横軸は化学シフトを示す．その値はプロトンのときと比べて広範囲にわたり，TMSを基準にして0から220 ppm程度までに及ぶ．縦軸はシグナルの強度を表すが，プロトンのスペクトルと違い，シグナルの面積と原子（炭素）の個数の間の比例関係は失われている．

オフ・レゾナンスデカップリング・スペクトル

広帯域デカップリングによって単純明解なスペクトルを得ることができるが，スピン-スピン結合は重要な情報も含んでいる．そのため，デカップリングのためのラジオ波の照射位置を少しずらして，炭素に直接結合したプロトンによるシグナルの分裂だけが現れるように測定する手法がある．これを**オフ・レゾナンスデカップリング**（off-resonance decoupling）という．

図6・2(b)はオフ・レゾナンスデカップリング・スペクトルの例である．このスペクトルでは炭素に何個のプロトンが結合しているのかがわかり，$(n+1)$の規則に従って，n個のプロトンと結合した炭素のシグナルは$(n+1)$本に分裂する．

しかし，オフ・レゾナンスデカップリングは測定するのに長時間を要するなどのため，現在ではほとんど行われていない．その代わりに，以下のスペクトルが利用されている．

ポイント！
デカップリングによって，^{13}C NMRスペクトルを単純化できる．

メチル炭素 CH_3 は四重線，メチレン炭素 CH_2 は三重線に，メチン炭素 CH は二重線に分裂する．そして，プロトンの結合していない第四級炭素は1本のシグナルとして観測される．

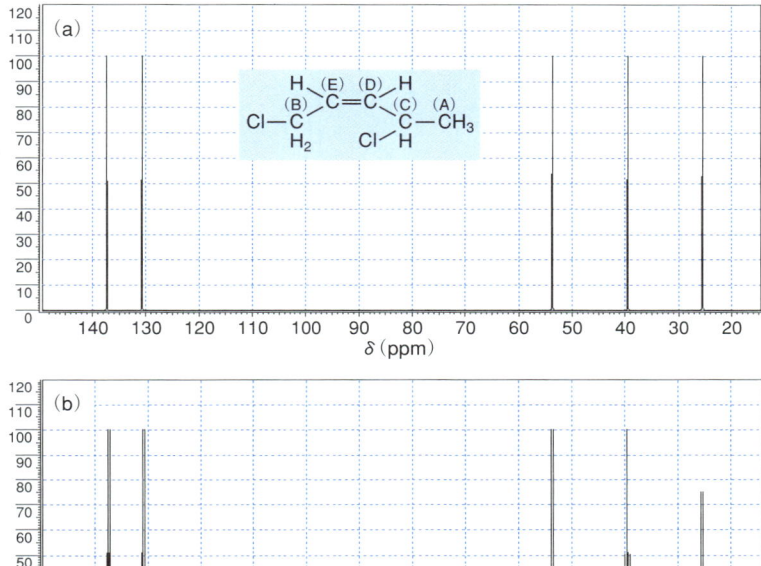

6. 炭素 13 および二次元核磁気共鳴スペクトル　77

広帯域デカップリングスペクトルでは，それぞれの炭素について 1 本の明瞭なシグナルとなって観測されるので，化学シフトの値 (下表) がはっきりとわかる．

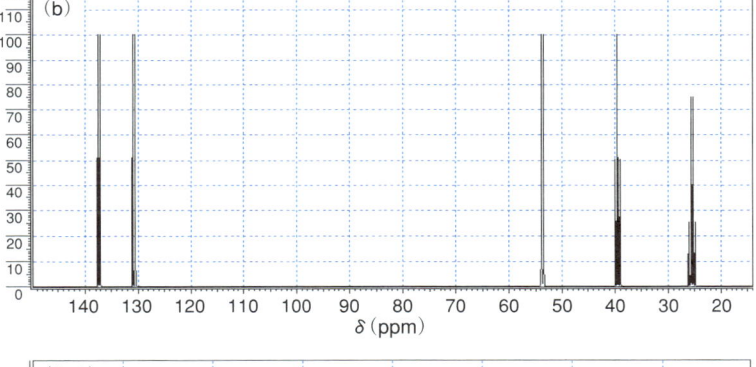

スペクトル (C-1), (C-2) は (b) の拡大図である．(b) における各ピークの分裂の様子がよくわかる．

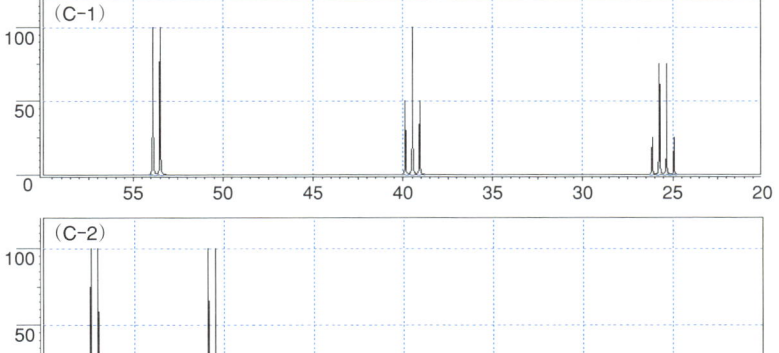

オフ・レゾナンスデカップリングスペクトルでは，n 個のプロトンと結合した炭素のシグナルは $(n+1)$ 本に分裂する．その様子は拡大スペクトルによって，はっきりとわかる．

化学シフト (ppm)	シグナルの分裂	炭素
25.5	四重線	CH_3 (A)
39.5	三重線	CH_2 (B)
53.7	二重線	CH (C)
130.7	二重線	CH (D)
137.2	二重線	CH (E)

図 6・2　^{13}C NMR スペクトル．(a) 広帯域デカップリング，(b) オフ・レゾナンスデカップリング，(c) スペクトル (b) の拡大図，(d) DEPT

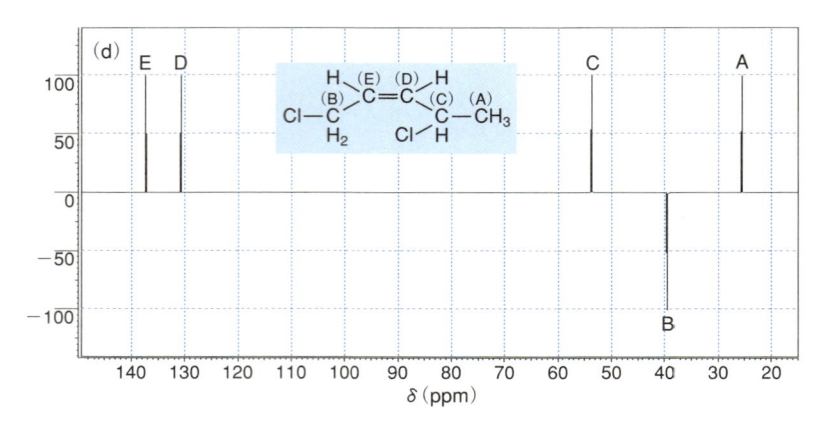

図 6・2　^{13}C NMR スペクトル（つづき）

DEPT スペクトル

オフ・レゾナンスデカップリングほど時間がかからず，しかも感度が良くて，同程度の情報量をもつものとして開発されたのが，**DEPT**（デプト，distortionless enhancement by polarization transfer）とよばれる方法である．現在，DEPT スペクトルは広く普及している．

通常，2種類の DEPT スペクトルが測定される．DEPT スペクトルは，単純明解である．DEPT90 ではメチン炭素 CH の吸収だけが現れ，その他の炭素の吸収は消えてしまう．また DEPT135 では，メチン炭素とメチル炭素 CH_3 のシグナルは普通のスペクトル同様に上向きに出るが，メチレン炭素 CH_2 のシグナルだけは下向きに出る（図 6・2d）．

このように，DEPT スペクトルを見れば，どの炭素に何個のプロトンが結合しているのかがすぐにわかるのである．

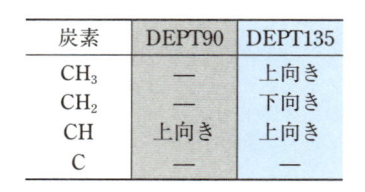

炭素	DEPT90	DEPT135
CH_3	—	上向き
CH_2	—	下向き
CH	上向き	上向き
C	—	—

これらの DEPT スペクトルには，第四級炭素の1本のシグナルは現れない．

ポイント！
現在，広帯域デカップリング・スペクトルと DEPT スペクトルを組合わせて測定するのが一般的となっている．

3. 炭素 13 NMR の化学シフト

プロトンの NMR スペクトルと同様に，^{13}C NMR スペクトルでも化学シフトは有機化合物の構造に関する重要な情報を与えてくれる．図 6・3 におもな ^{13}C NMR の化学シフトを示した．

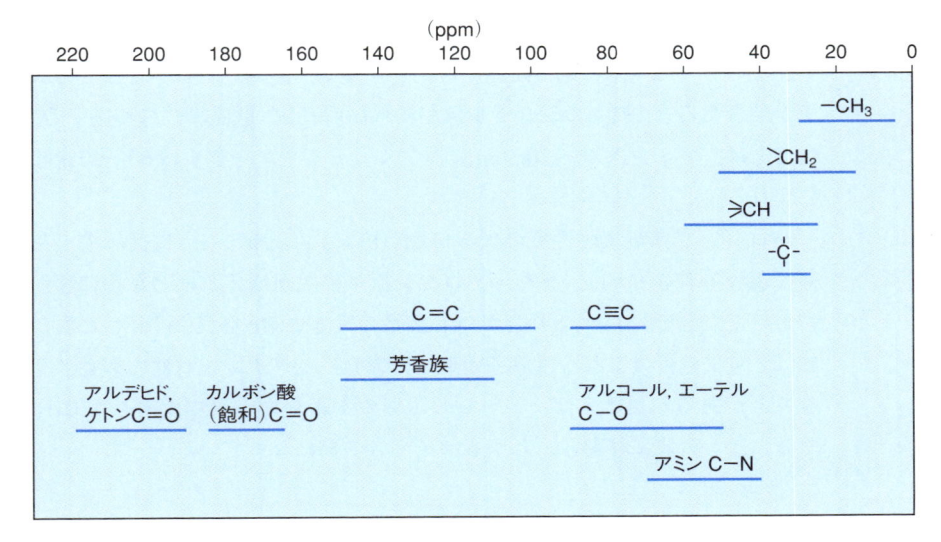

6. 炭素13および二次元核磁気共鳴スペクトル   79

図6・3 ¹³C NMR の化学シフト

アルカン

　プロトンのNMRスペクトルと同様，飽和炭素（sp³混成炭素）のシグナルは右側（低周波数，高磁場）に現れる．メチルCH_3炭素が最も右側にあり，通常5〜30 ppm付近に見られる．メチレンCH_2炭素はメチル炭素よりも左側に現れ，メチンCH炭素ではさらに左側に移動する．図6・4はエチルビニルケトンの¹³C NMRの吸収位置を示したものであり，メチル炭素（A）のほうが，メチレン炭素（B）より右側に出ているのがわかる．

　上記の化合物中にはないが，4個の炭素と結合した第四級炭素は30〜40 ppmに現れる．

第四級炭素のシグナル強度は，非常に弱い．そのため，ノイズに重なって見落とすことがあるので注意しなければならない．しかし，逆に，このように弱い吸収は第四級炭素の存在を示唆するものでもある．

図6・4 エチルビニルケトンの¹³Cシグナルの位置

表 6・1 ハロゲン化アルキルの化学シフト（ppm）

化合物	化学シフト
CH_4	−2
CH_3I	−21
CH_3Br	12
CH_3Cl	25
CH_3F	75

なぜ、重原子効果によってシグナルが右側に移動するのかについてはもっと高度な専門書を参照してもらいたい。ここでは、このような現象があるということを覚えておくだけでよい。

電子求引基の結合

上記のアルキル基に電気陰性度の大きい窒素、酸素、ハロゲンなどの原子が結合すると、炭素のシグナルは左側（高周波数、低磁場）に移動する。たとえば、アミンは 40～70 ppm に、アルコールやエーテルは 50～90 ppm に現れる。

ハロゲンでは電気陰性度の大きい順（F＞Cl＞Br＞I）に従って、左側に現れる（表 6・1）。また、ハロゲン原子の数が増えるほど左側に移動する。ただし、ハロゲンのなかでも重量の大きい Br や I が結合した場合には、電気陰性度よりも重原子効果が影響し、シグナルを右側に移動させることがある。たとえば、メタンの 1 個の水素をヨウ素で置換した CH_3I では大きく右側に移動し、しかもマイナスの値になっている。

アルケン，アルキン，芳香族

不飽和炭素（sp^2 混成炭素）は一般に左側に現れる。アルケン C＝C は 100～150 ppm 付近に（図 6・4 も参照）、芳香族炭素もほとんど同じ領域、すなわち 110～150 ppm 付近に見られる。ベンゼンではおよそ 128 ppm に現れる。

アルキン（sp 混成炭素）C≡C はアルケンより右側に現れ、70～90 ppm 付近に吸収が見られる。

カルボニル炭素

カルボニル炭素の吸収は弱く、普通の測定では観測されないこともある。

カルボニル基 C＝O の炭素は通常、最も左側に現れる。ケトンやアルデヒドの吸収は 190～220 ppm に見られる（図 6・4 参照）。また、カルボン酸は 165～185 ppm に現れる。

4. 二次元 NMR スペクトル

NMR 分光法は最も進歩の著しい構造解析法の一つである。測定およびデータ解析に関する方法はコンピューターの性能の向上にともなって、つぎつぎと新しい展開を見せている。そのなかでも、二次元 NMR 分光法の進歩には目をみはるものがあり、特に複雑な構造をもつ化合物の構造解析

に対して，大きな威力を発揮している．

二次元 NMR スペクトルとは

　これまで見てきた NMR スペクトルは一つの軸上にシグナルを示した一次元のスペクトルであり，化学シフトやスピン-スピン結合などの情報が一つにあわさったものであった．このため，ときによってはスペクトルが複雑になり，解析が困難になる．なんとか，これらの複雑なスペクトルをわかりやすくできないだろうかということで開発されたのが，"二次元 NMR 分光法"である．

　このため，二次元 NMR スペクトルを用いれば，スペクトルが複雑で解析が困難なものからでも，さまざまな情報を得ることが可能になる．そのため，生体分子などの複雑な構造をもつものに対して広く利用されている．

　以下では，二次元 NMR スペクトルのなかで，最も基本的なものについて簡単に見てみることにする．

H－H COSY

　H－H COSY スペクトルはプロトン同士のスピン-スピン結合に関する情報を与えてくれるものである．**COSY**（コジィ）は COrrelation SpectoroscopY の略であり，原子核の相互の関係を示すことから，"相関分光法"といわれる．

　図 6・5 はプロピオン酸メチルの H－H COSY スペクトルの模式図である．二次元 NMR は二つの軸上にスペクトルを表示したものであり，四角形の姿をしている．ここでは，両方の軸に ^{1}H NMR スペクトルが示されている．大きな正方形のなかには，小さい等高線がいくつか現れている．これらのうち，右上から左下の対角線上にあるピークは，^{1}H NMR と同じ情報しか与えないものであり意味がない．

　一方，対角線の両側にある対称的に配置されたピークは**交差ピーク**（cross peak）とよばれ，プロトン同士のスピン-スピン結合を示すものである．図 6・5 のスペクトルでは，上部の H_B のシグナルから真下に延ばした線と右側の H_A のシグナルから真横に延ばした線の交点に等高線があるので，この 2 種類のプロトンの間には，スピン-スピン結合があること

交差ピークは**非対角ピーク**ともいう．

縦軸と横軸の二つのシグナルは，山の高さとして現れる．これを平面上では地形図のような等高線として表現される．

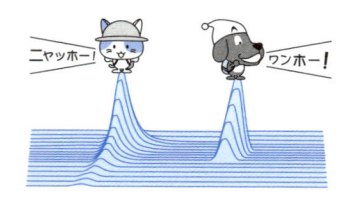

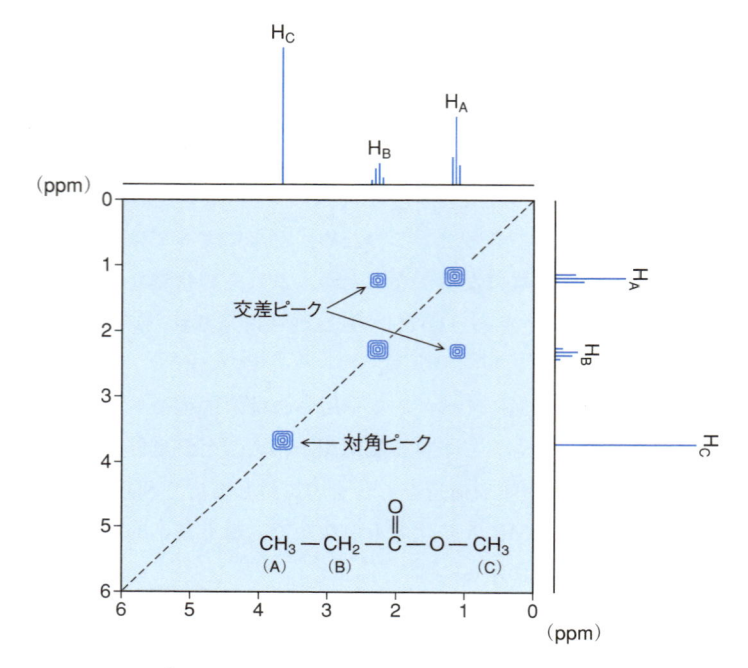

図 6・5　プロピオン酸メチルの H－H COSY スペクトルの模式図

がわかる．一方，H_C に関する交差ピークは見られないので，他のプロトンとの間にスピン-スピン結合のないことがわかる．

H－C COSY

　H－C COSY スペクトルは，炭素に結合したプロトンについての情報を与えてくれる．このスペクトルでは，縦軸に ^{13}C NMR，横軸に ^{1}H NMR が示されている．

　図 6・6 はプロピオン酸メチルの H－C COSY スペクトルの模式図である．上記と同様にして交差ピークを探す．すると，C_A と H_A，C_B と H_B，C_C と H_C の間に交差ピークが見つかるので，これらの炭素とプロトンは互いに結合していることがわかる．一方，C_D に関する交差ピークは見つからないので，プロトンが結合していないことがわかる．

　以上のような情報は先に述べたスピン・デカップリングによっても得

このように縦軸に ^{13}C，横軸に ^{1}H を表示したものを "HMQC" スペクトルという．HMQC は ^{1}H を検出するので，感度が良く，短時間で測定できる．同様に，プロトンと炭素のスピン結合に関する情報を与えるスペクトルとして，HETCOR がある．このスペクトルは縦軸に ^{1}H，横軸に ^{13}C のスペクトルを示し，^{13}C を検出するものである．
HETCOR（C－H COSY）のほうが最初に開発されたが，現在では感度などの問題から HMQC のほうが広く利用されている．

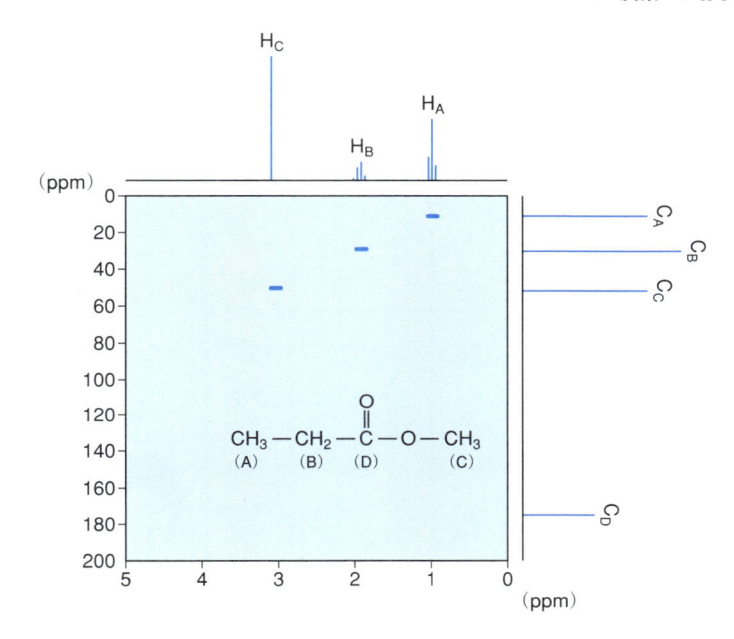

図6・6 プロピオン酸メチルのH—C COSYスペクトルの模式図

ことはできる．しかし，化学シフトが非常に接近してデカップリングができないときなどは，COSYスペクトルが非常に有効であり，しかも1回の測定ですべての情報が得られるために，いまでは構造解析に不可欠のものとなっている．

NOESYおよびROESY

5章で見たNOEの二次元版が**NOESY**（Nuclear Overhauser Enhancement SpectoroscopY，ノエジィ）や**ROESY**（Rotating frame nuclear Overhauser Enhancement Spectoroscopy，ロエジィ）であり，両者からは基本的に同じ情報が得られる．これらの縦軸と横軸にはプロトンのスペクトルが示され，空間的に相互作用したプロトン同士は交差ピークとなって現れる．

これらのスペクトルはプロトン同士のスピン結合定数により立体的な配置を決められないときに有効である．現在では，NOE測定はこれらの二次元スペクトルによって行われている．

NOESYは分子量の大きい生体分子，ROESYはNOEが観測しにくい中程度の分子量の試料に対して有効である．

ポイント！

二次元NMRによって，スペクトルの解析が困難な複雑な構造をもつ化合物に対しても，有用な情報を得ることができる．

二次元 NMR あれこれ

　二次元 NMR にはさまざまな種類のものがある．ここでは，本書では登場していないものも含めて，表1におもなものをまとめた．これらのスペクトルには，今後どこかでお目にかかる機会があるかもしれないので，簡単ではあるがどのようなものであるのかを知っておくことは有意義であろう．

表1　おもな二次元 NMR

	名　称	特　徴
同種核	H—H COSY	プロトン同士のスピン-スピン相互作用を観測できる．
	DQF-COSY	H—H COSY と基本的に同じ．隣のプロトンとのスピン-スピン相互作用のみが現れるので，解析がしやすくなる．
	TOCSY	スピン-スピン相互作用がない場合でも原子のネットワークを観測できる．
	NOESY	核オーバーハウザー効果（NOE）を観測することにより，空間的に近接したプロトンの配置がわかる．
	ROESY	NOESY と基本的に同じ．中程度の分子量をもつ有機化合物に対して有用である．
	INADEQUATE	炭素同士のスピン結合定数が得られる．有機化合物の炭素骨格の解析に有用である．
異種核	C—H COSY（HETCOR）	プロトンと炭素の間のスピン-スピン相互作用の情報を与える．炭素を観測するので，感度が低い．
	H—C COSY　HMBC	C—H COSY と類似だが，プロトンを観測するので感度が高い．
	HMQC	HMBC で現われるピークのうち，直接結合した炭素との相互作用のみを表したもの．

III

他の有用なスペクトルと構造解析法

7 マススペクトル

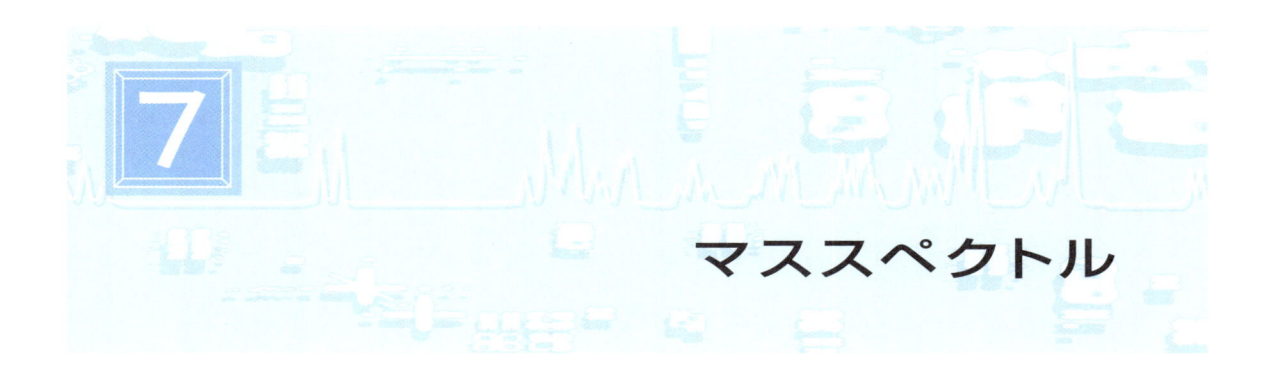

マススペクトロメトリー（mass spectrometry，MS）は測定分子をイオン化することで得られる**マススペクトル**（mass spectrum）を用いて，分子量を測定する方法である．

マススペクトルの最も重要な点は，分子量を直接的に教えてくれることにある．さらに，分子量を精密に測定すれば，分子を構成する原子の種類と個数，すなわち分子式がわかる．

また，分子が分解して生じたさまざまなイオンの質量から，分子の部分構造などの情報を得ることができる．

このようなマススペクトルは有機分子の構造解析に欠かせないものとなっている．

質量分析法，質量スペクトルともいう．

1. マススペクトルとは

マススペクトルは，試料分子をイオン化することで得られた種々のイオン（特にカチオン）をその質量によって分離し，イオンの量をスペクトルとして測定したものであり，分子の質量を知ることができる．ここでは，マススペクトルがどのようなものであるのか，具体的に見てみよう．

マススペクトルの例

図7・1はメタノールのマススペクトルである．一般に，マススペクトルは棒グラフで表される．横軸は質量 m をイオンの電荷数 z で割った値

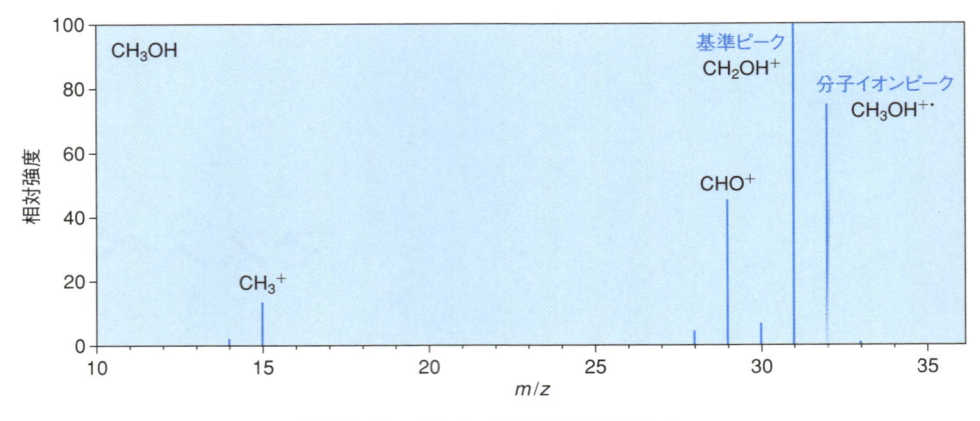

図7・1 メタノールのマススペクトル

である．縦軸はイオンの量（個数の相対値）を示したものであるが，イオン量の最も多いピークを100％として表した相対的な値である．ここでは，m/z 31のピークがイオン量の最も多いピークであり，これを**基準ピーク**（base peak）という．

分子イオンピーク

m/z 32に見られるピークがメタノール CH_3OH の分子量32に相当するピークであり，これを**分子イオンピーク**（molecular ion peak）という．これはメタノール CH_3OH から1個の電子が取れてできた分子イオン $CH_3OH^{+\cdot}$ によるものである．このような化学種を"ラジカルカチオン"という．

このように，分子イオンピークの質量から測定試料の分子量を知ることができる．分子イオンピークは通常，同位体によるピーク（後述）を除いて，最も大きな質量のピークに相当する．

フラグメントイオンによるピーク

分子イオンピークのほかに何本かのピークが見られる．これらは分子イオン $CH_3OH^{+\cdot}$ の分解によってできた，小さく断片化されたイオンによるものである．このようなイオンを**フラグメントイオン**（fragment ion）と

> イオン化の方法によっては，分子イオンピークが現れないこともある（後述）．

> **ポイント！**
> 測定試料の分子量は，分子イオンピークから知ることができる．

いう.

たとえば，m/z 31 の基準ピークは CH_2OH^+，m/z 29 のピークは CHO^+，m/z 15 は CH_3^+ によるものである.

フラグメントイオンの質量から，試料分子がどのような構造単位からなっているのかなどの有用な情報を得ることができる.

図7・1では分子イオンピークと基準ピークは異なった質量のところに現れているが，分子イオンピークが基準ピークとなる場合もある（図7・4参照）.

2. マススペクトルの測定原理

マススペクトルはどのようにして測定されるのか，その原理について見てみよう．マススペクトルの測定は測定分子をイオン化する操作と，イオン化によって生じた各種イオンを質量に従って分離する操作の二つに分けられる.

イオン化とイオン分離の方法は，さまざまなものが開発されている．ここでは，その一部にしかふれない.

イオン化の方法

測定分子をイオン化する方法で最も一般的なものが**電子イオン化法**（electron ionization, EI）である．これは気体状の試料分子に高エネルギーの電子を衝突させてイオン化させる方法である．このとき，試料分子は電子を失ってラジカルカチオン，つまり分子イオン $[M]^{+ \cdot}$ となる（図7・2）．そして，電子イオン化では試料分子がイオン化エネルギー（1章参照）より大きなエネルギーを受取るので，この余分なエネルギーによって有機分子を構成する共有結合が切断される．その結果，さらに $[M]^{+ \cdot}$ は分解し

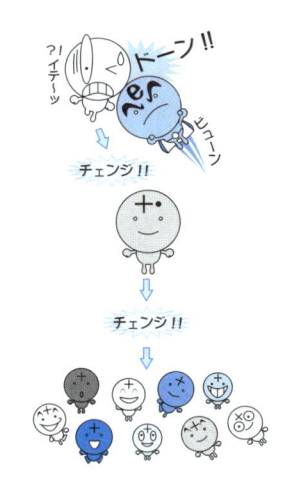

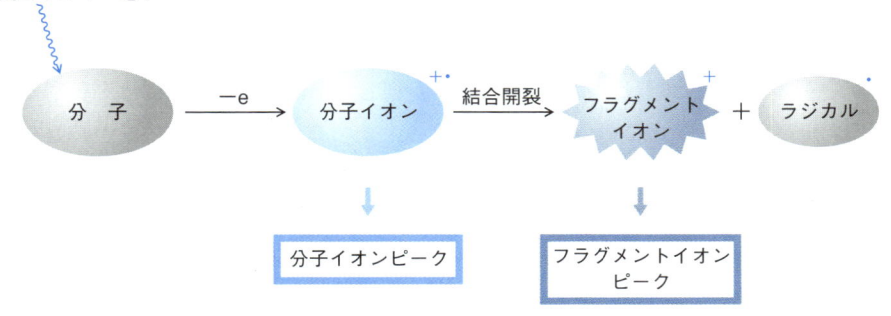

図7・2 電子イオン化法によるイオンの生成

通常，電子イオン化における電子のエネルギーは 70 eV 程度であるが，有機分子のイオン化に必要なエネルギーは 15 eV 以下である．

試薬ガスから生じたイオン（この場合 $C_2H_5^+$）が付加した $[M+29]^+$ や脱プロトン化したアニオン $[M-1]^-$ なども観測される．

マトリックスについては，本章コラムの図 1 を参照．

マトリックス由来のナトリウムイオン Na^+ が付いた $[M+23]^+$ や脱プロトン化したアニオン $[M-1]^-$ なども観測される．

磁場の強度にあわない質量をもつイオンは，うまく曲がり切れないなどのために，検出器に到達できない．

て小さく断片化されたイオン，つまりフラグメントイオンになる．

電子イオン化法では，電子のもつエネルギーが大きいために，試料分子によってはそのほとんどが分解するため，分子イオンピークが観測できない場合もある．このようなことを避けるために，電子のもつエネルギーを小さくすることや，ソフトにイオン化する方法が開発されている．

ここではいくつかのソフトイオン化法について見てみよう．

化学イオン化（chemical ionization，CI）はメタンなどの試薬ガスから生じたイオン CH_5^+ や $C_2H_5^+$ などを試料分子に衝突させてイオン化させる方法であり，試薬ガスから生じたイオンからのプロトン H^+ の移動により，$[M+1]^+$ が生成する．

高速原子衝撃イオン化（fast atom bomvardment ionization，FAB）は粘性のある液体（マトリックス）に溶かした測定試料にキセノン原子やアルゴン原子を衝突させるものである．この方法では原子が衝突したときに，試料分子とマトリックスとの間でプロトン H^+ の移動が起こる．そのため，分子イオンにプロトンが付いたカチオン $[M+1]^+$ として観測される．

上記のほかに，新しいソフトイオン化法が開発され，大きな力を発揮している（コラム参照）．

イオン分離の方法

イオン化によって生じた各種イオンは質量に応じて分離される．ここでは磁場を用いて分離する方法について見てみよう．

加速されたイオンが磁場中に入ると，イオンの進路は曲げられる．このとき，イオンの質量の違いによって，曲がり具合が変化する．

磁場中では質量の小さいイオンのほうが曲がり具合が大きい（図 7・3）．このことは，すべてのイオンが同じように曲がるためには，質量の小さなイオンには弱い磁場が，質量の大きなイオンには強い磁場が必要なことを意味している．そのため，磁場の強度を連続的に変化させれば，磁場の強度にあった質量をもつイオンだけが設定されたコースを通過できることになる（図 7・3）．つまり，質量の異なるイオンは磁場強度の変化に応じて定められたコースを通過し，順番に検出することができるのである．

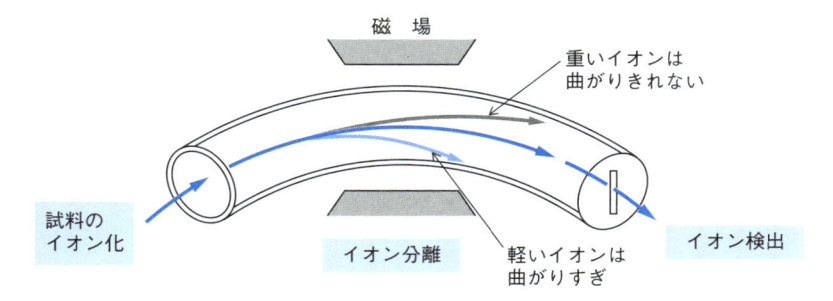

図7・3 磁場によるイオン分離

新しいソフトイオン化法

　新しいソフトイオン化法が開発され，ダイオキシンなどの環境ホルモンや医薬品，毒物，さらにはタンパク質などの生体分子の分析においてマススペクトロメトリーが活躍している．

　エレクトロスプレーイオン化（electrospray ionization, ESI）：先端に高電圧をかけたキャピラリーから試料溶液を噴射させると，表面が帯電した液滴が生じる．この液滴をキャピラリーと同じ方向に流れている窒素ガスにさらすと，溶媒が蒸発する．そして，溶媒が蒸発してなくなった液滴は破裂し，多数のプロトンが付いた試料イオンが放出される．

　マトリックス支援レーザー脱離イオン化（matrix-assisted laser desorption ionization, MALDI）：有機化合物からなるマトリックスに試料分子を混合した液体にレーザー光を当てると，まずマトリックスがレーザー光を吸収し，さらにそのエネルギーが試料分子に伝わることで，イオン化が起こる（図1）．MALDIは2002年にノーベル化学賞を受賞した田中耕一氏らの「生体高分子の質量分析のための穏和なイオン化法」の開発研究がきっかけとなり，改良が加えられてできあがったものである．

　これらの新しいソフトイオン化法によって，複雑な構造をもつ生体分子でもほとんど分解せずにイオン化できるようになった．

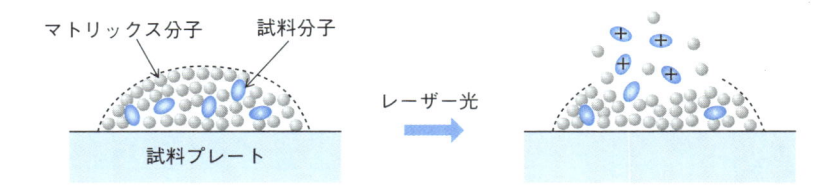

図1 MALDI法によるイオン化

3. マススペクトルと分子式

ポイント！
分子式には，さまざまな情報が含まれている．

有機分子の構造解析の目標の一つは分子式を決定することである．ここでは，マススペクトルを用いて，どのように分子式を決めるのかを簡単に見てみよう．

同位体ピーク

分子の質量を示す分子イオンピークは，しばしば小さなピークをともなって現れることがある．

図 7・4 はメタンのマススペクトルである．分子イオンピークの右隣に，非常に小さなピークが見られる．これは，分子イオンが質量数の異なる同位体を含むために現れたものであり，**同位体ピーク** (isotope peak) とよばれる．

表 7・1 に示すように，メタンでは最も存在量の多い同位体で構成される $^{12}C^1H_4$ のほかに，$^{13}C^1H_4$ と $^{13}C^2H^1H_3$ が存在するため，これらが $[M+1]^+$ ピーク，$[M+2]^+$ ピークとなって現れる．これらの同位体ピークは分子イオンピークに比べて，非常に小さい．これは，表 7・2 に示すように，^2H と ^{13}C の存在量が非常に少ないためである．

一方，分子に塩素原子や臭素原子を含む場合には，特徴的な同位体ピー

表 7・1 メタンの同位体ピーク

	m/z	ピーク	相対強度
$^{12}C^1H_4$	16	M	100
$^{13}C^1H_4$	17	M+1	1.14
$^{13}C^2H^1H_3$	18	M+2	無視できる

^2H, ^{13}C, ^{15}N, ^{17}O, ^{18}O の存在量は少ないので，通常，これらを含む分子の同位体ピークは小さい．

炭素の同位体

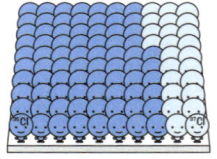

塩素の同位体

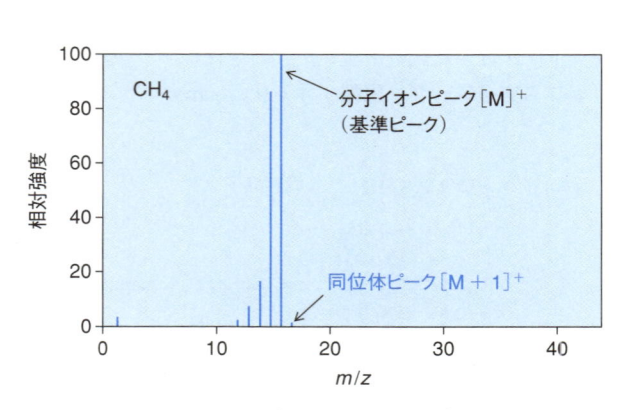

図 7・4 メタンのマススペクトル

表 7・2 元素の同位体存在度と精密質量

元素	同位体	同位体存在度 (原子百分率)	精密質量	原子量
水素	^{1}H	99.9885	1.00783	1.00794
	^{2}H	0.0115	2.01410	
炭素	^{12}C	98.93	12.00000	12.0107
	^{13}C	1.07	13.00336	
窒素	^{14}N	99.636	14.0031	14.0067
	^{15}N	0.364	15.0001	
酸素	^{16}O	99.757	15.9949	15.9994
	^{17}O	0.038	16.9991	
	^{18}O	0.205	17.9992	
塩素	^{35}Cl	75.76	34.9689	35.453
	^{37}Cl	24.24	36.9659	
臭素	^{79}Br	50.69	78.9183	79.904
	^{81}Br	49.31	80.9163	

ポイント！

分子中に塩素原子1個または臭素原子1個が存在する場合には，同位体による[M＋2]⁺ピークがかなりの強度で現れ，特徴的なパターンを示す．このようなピークが観測できれば，分子中に塩素原子または臭素原子が存在すると考えてよい．

分子中に複数個の塩素原子や臭素原子を含む場合には，さらに複雑なパターンを示すことになる．

クを示す．塩素原子には^{35}Clと^{37}Clの同位体がある．これらの存在量はそれぞれ75.76 %と24.24 %であり，その比は約3：1である．このため，1個の塩素を含む化合物では[M]⁺ピークと[M＋2]⁺ピークは，ほぼ3：1の強度を示す（図7・5，図7・7）．

臭素原子には^{79}Brと^{81}Brの同位体がある．これらの存在量は50.69 %と49.31 %であり，その比は約1：1である．このため，分子中に1個の臭素原子を含む化合物では，[M]⁺ピークと[M＋2]⁺ピークはほぼ1：1の強度を示す（図7・5）．

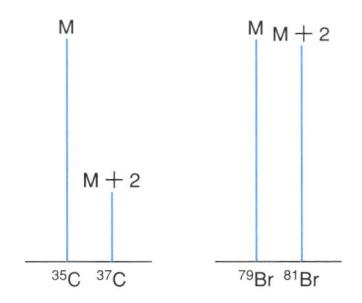

図7・5 特徴的な同位体ピーク

マススペクトルによる分子式の決定

有機分子の構造を決定するには，分子量だけではなく，分子を構成する原子の種類と数，つまり分子式を知ることが必要である．

これまでに見てきたマススペクトルの分子イオンは整数質量で示されている．しかし，この値から分子式を決めることはできない．これは，以下の理由による．たとえば水素，炭素，窒素，酸素からなる有機分子で，分子イオンの整数質量が46であるものは複数存在する（表7・3）．このため，分子イオンの整数質量から，これらのいずれが該当する有機分子であるか

表7・3 整数質量46の化合物

化合物	精密分子質量
CH_2O_2	46.0054
CH_4NO	46.0293
CH_6N_2	46.0532
C_2H_6O	46.0419

含まれる元素はC, H, N, Oに限る．

ポイント
高分解質量分析法を用いれば、分子の精密質量を知ることができる。

を決めることはできない。

この問題は、**高分解質量分析法**（high resolution mass spectrometry）によって、分子の質量を小数点以下4桁程度まで精密に測定することによって解決できる。

分子量と精密質量

表7・2に示した精密質量は、一般にいう分子量とは異なることに注意する必要がある。分子量は同位体の加重平均値である原子量から求めたものであるが、分子の精密質量は最も存在量の多い同位体の精密質量から求めたものである。以下に、その違いを CH_2O_2 を例にして、具体的に示す。

分子量：12.0107（C原子量）× 1 + 1.0079（H原子量）× 2
　　　　+ 15.9994（O原子量）× 2 = 46.0253

分子の精密質量：12.0000（^{12}C精密質量）× 1 + 1.0078（^{1}H精密質量）
　　　　× 2 + 15.9949（^{16}O精密質量）× 2 = 46.0054

原子量は同位体の精密質量と存在度から加重平均して求めた原子の質量のことをいう。たとえば、炭素の原子量は、{12.0000（^{12}C精密質量）× 98.93（^{12}C存在度）+ 13.0034（^{13}C精密質量）× 1.07（^{13}C存在度）} ÷ 100 = 12.0107

不 飽 和 度

分子式には構造を決定するための有用な情報が含まれている。分子中に存在するπ結合の数と環の数がわかれば、分子の構造がある程度予測できる。これらの数の合計を示したものが、(7・1) 式に示した**不飽和度**（degree of unsaturation）である。

不足水素指標（hydrogen deficiency）ともいう。

$$\text{不飽和度} = \pi\text{結合の数} + \text{環の数} \qquad (7 \cdot 1)$$

直鎖状の飽和炭化水素の一般式は C_nH_{2n+2} で表されるように、分子中の水素原子の数は $2n+2$ となる。ここで、水素原子が2個減ると、不飽和度が一つ増えるようになる。

たとえば、π結合と環構造をもたない C_6H_{14} の不飽和度は0である。これと比較すると、C_6H_{12} では水素が2個、C_6H_{10} では4個減っている。このことから、C_6H_{12} の不飽和度は1となり、分子中に二重結合あるいは環のいずれかを1個もっていることが推測できる。C_6H_{10} では不飽和度が2となり、分子中に二重結合を2個、あるいは二重結合1個と環1個、あるいは環を2個、あるいは三重結合を1個含んでいると推測できる（表7・4）。

三重結合の不飽和度は2である。

一般に炭素、水素、ハロゲン、窒素、酸素、硫黄からなる有機分子の不

表 7・4　不飽和度と分子の構造

分子式	不飽和度	代表的な構造
C_6H_{14}	0	
C_6H_{12}	1	
C_6H_{10}	2	

"窒素ルール"も分子式の決定に役立つ. 窒素ルールは「窒素原子を含まない, あるいは偶数個含む化合物の整数質量は偶数であり, 窒素原子を奇数個含む化合物の整数質量は奇数である」というものである.

飽和度は (7・2) 式で示される.

$$不飽和度 = n_C - \left(\frac{n_H}{2}\right) - \left(\frac{n_X}{2}\right) + \left(\frac{n_N}{2}\right) + 1 \quad (7・2)$$

ここで, n_C は炭素, n_H は水素, n_X はハロゲン, n_N は窒素の数である. また, 酸素と硫黄の存在は上式には含まれないことに注意しよう.

たとえば, 分子式 $C_7H_5ClO_2$ の水素不足指標は $7 - (5/2) - (1/2) + 1 = 5$ となり, 二重結合 4 個, 環構造 1 個のクロロ安息香酸などが考えられる.

クロロ安息香酸

4. フラグメンテーション

分子から電子が取れて分子イオンができ, さらに分子イオンの結合が開裂して, さまざまなフラグメントイオンができる. このことを**フラグメンテーション** (fragmentation) という. このとき, 結合の開裂だけでなく, 特別な反応によって生じたフラグメントイオンも存在する.

マススペクトルの有用性は, 分子量を測定できることと同時に, 分子のフラグメンテーションについて知ることができることである. これをもとにして, 分子の構造はもとより, 反応様式についての情報も得ることができる.

飽和炭化水素

図 7・6 はデカン $C_{10}H_{22}$ のマススペクトルのおもなピークを示したものである. 分子量に相当する 142 には, 小さな分子イオンピーク M^+ が見られる. さらに, 直鎖状飽和炭化水素のマススペクトルで特徴的なことは,

規則的な間隔をもつピーク群が観察されることである．図 7・6(a) には各ピーク群のなかで最大の強度をもつ C_nH_{2n+1} ピークのみを示している．これらのピークの間隔はすべて 14 であり，これは CH_2 単位が順次外れていったことを示す．これらの C_nH_{2n+1} ピークのうちで，強度の大きいものは C_3 あるいは C_4 に相当し，C_nH_{2n+1} ピークは質量の増加とともに強度は小さくなる．

一方，分岐飽和炭化水素では枝分かれのある炭素原子の両側で切断される．しかも，アルキル置換基の数が多い炭素原子のところで切れやすい．これは，カルボカチオンの安定性が第三級＞第二級＞第一級となるためである．

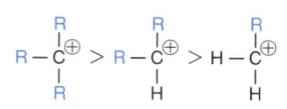

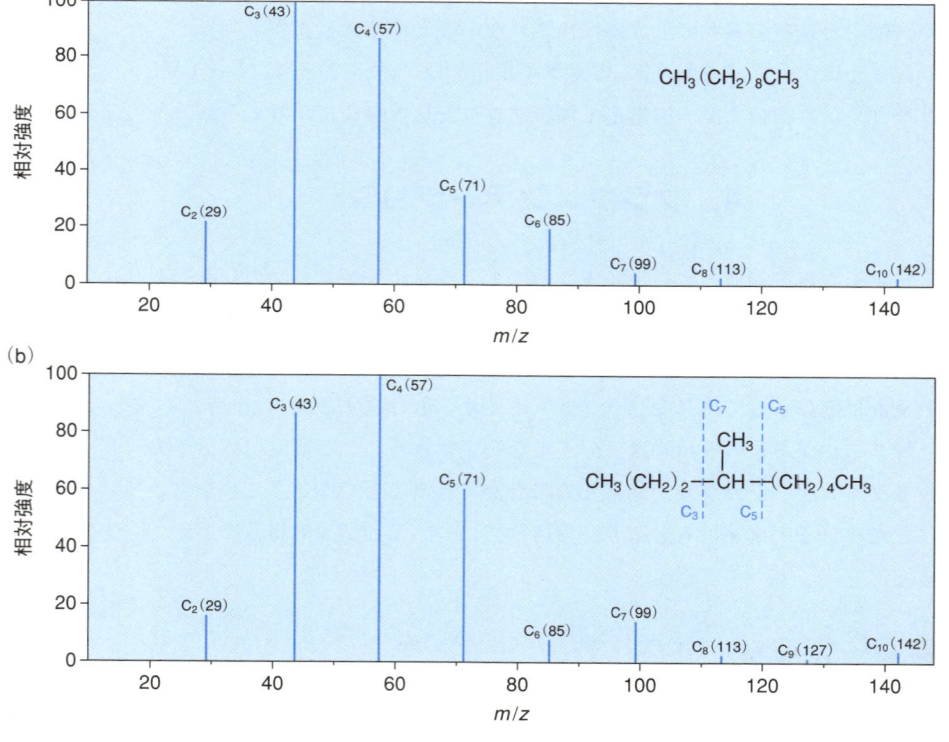

$$R-\overset{R}{\underset{R}{C}}{}^{\oplus} > R-\overset{R}{\underset{H}{C}}{}^{\oplus} > H-\overset{R}{\underset{H}{C}}{}^{\oplus}$$

図 7・6 $C_{10}H_{22}$ のマススペクトルのおもなピーク．(a) 直鎖状飽和炭化水素（デカン），(b) 分岐飽和炭化水素（4-メチルノナン）．

図 7・6(b) では C_5 と C_7 のフラグメントイオンによるピークの強度が増加している．これは，図に示すように 4 位に存在する CH_3 基の両側で切断されたために生じたフラグメントイオンによるものである．このように，マススペクトルから枝分かれの位置を確認することもできる．

図 7・6(a) の直鎖状アルカンではメチル基 CH_3 が外れた $[M-15]^+$ ピークは観測されず，分子イオンピークのつぎに質量の大きいピークはエチル基 C_2H_5 が外れた $[M-29]^+$ ピーク（ここでは m/z 113）である．一方，図 7・6(b) の枝分かれアルカンでは小さい $[M-15]^+$ ピークが観測される．このことから，この分子がメチル基 CH_3 の枝をもつことが推測できる．

特徴的な同位体ピークをもつ化合物

図 7・7 は p-クロロニトロベンゼンのおもなピークを示したものである．m/z 157 に分子イオンピーク $[M]^+$ が観測される．また，分子中に 1 個の塩素原子を含むので，m/z 159 には同位体による $[M+2]^+$ ピークが見られ，$[M]^+$ ピークのほぼ 3 分の 1 の強度をもつ（図 7・5 参照）．同様のパターンをもつピーク群がいくつか観測され，これは塩素原子を含むフラグメントイオンによるものであることがわかる（表 7・5）．

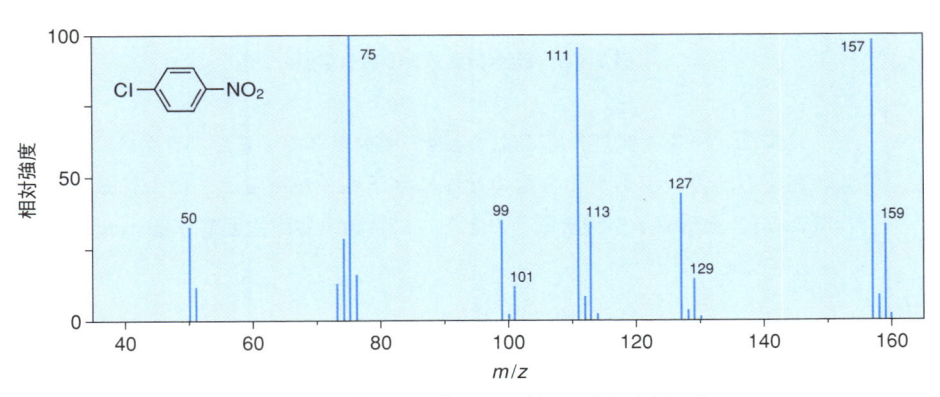

図 7・7 p-クロロニトロベンゼンのおもなピーク

そのほかに，置換基の脱離によって生じたフラグメントイオンなどによるピークが見られる．m/z 111 のピークはニトロ基 NO_2 の脱離によって生じた $C_6H_4Cl^+$ によるものであり，m/z 75 のピークはニトロ基 NO_2 と塩素原子（ここでは HCl）の両方の脱離によって生じた $C_6H_3^+$ によるものである．表 7・5 はおもなフラグメントイオンと脱離したフラグメントを示した．

表 7・5 p-クロロニトロベンゼンのおもなフラグメントイオン

m/z	フラグメントイオン	脱離フラグメント
127	C_6H_4ClO	NO
111	C_6H_4Cl	NO_2
99	C_5H_4Cl	CNO_2
75	C_6H_3	NO_2, HCl
50	C_4H_2	$C_2H_2ClNO_2$

転位反応により生じるフラグメント

図 7・8 は 2-ペンタノン（メチルプロピルケトン）のおもなピークを示

したものである．たとえばケトンやアルデヒドでは，カルボニル C＝O の隣の結合が切れて，アシリウムイオン $R-C^+=O$（$R-C≡O^+$）が生じる．$m/z\,43$ の基準ピークはアシリウムイオン CH_3CO^+ によるものであり，$m/z\,71$ のピークは $CH_3(CH_2)_2CO^+$ によるものである．

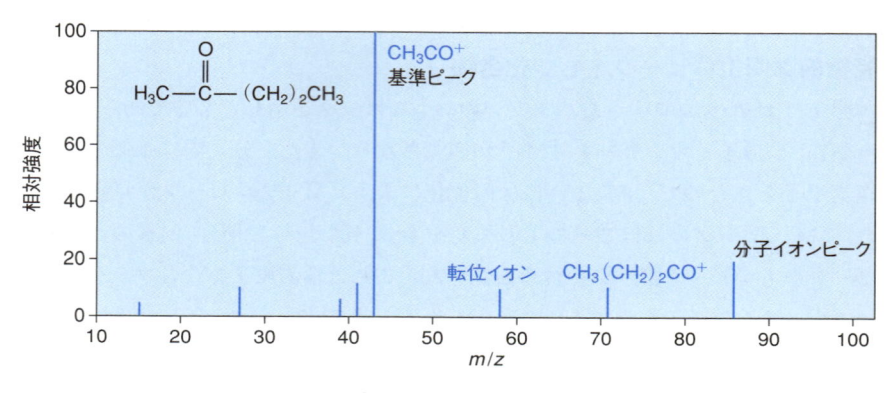

図7・8　2-ペンタノンのおもなピーク

また，マススペクトルでは，結合の開裂以外で生じたフラグメントも存在する．カルボニル化合物の γ 位に水素原子があると，(7・3) 式に示すように，水素原子が酸素原子のところに移動する**転位反応**（rearrangement）が起こる．

$$(7・3)$$

ポイント！
マススペクトルからは分子量だけでなく，フラグメンテーションなどの情報についても知ることができる．

図7・8の $m/z\,58$ に見られるピークは，(7・3) 式の転位反応で生じたものである．このとき，中性分子であるアルケンも生じる．マススペクトルでは結合の開裂とともに，このような転位反応がしばしば見られ，大きなピークを示す．

8

X線結晶構造解析

　これまでは各種スペクトルによる有機化合物の構造解析について見てきた．そして，これらのスペクトルは分子構造の決定に際して，非常に有用な情報を与えてくれる．

　しかし，スペクトルから分子構造を直接的に得ることはできない．これらの情報から得られる構造は，あくまでも"推測された"ものであるにすぎない．

　それに対して，「絶対にこれである」といえるような方法がある．これが **X線結晶構造解析**（X-ray crystallography）である．これはいわば，"分子の写真"のようなものである．

　現在，X線結晶構造解析はさまざまな種類の低分子化合物からタンパク質や核酸などの生体分子まで，特に立体構造を決定できる最も有力な方法となっている．

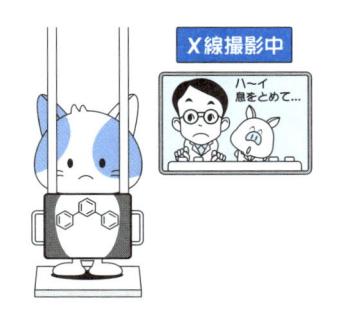

1. X線結晶構造解析の基本原理

　いまではよく知られているDNAの二重らせん構造は，ワトソンとクリックの両博士によって，X線を用いて得られたデータをもとに，そのモデルが提出されたものである．

　ここでは，X線結晶構造解析とはどのようなものであるのかを簡単に見てみよう．

DNAの結晶にX線を当てると，Xの形をした像が得られた．これをもとに，DNAの構造が解明されたのである．

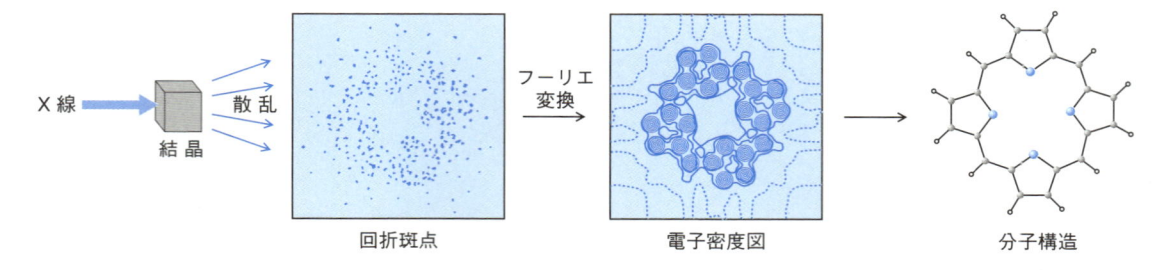

100　Ⅲ．他の有用なスペクトルと構造解析法

図 8・1　X 線結晶構造解析の基本的な手順

X 線結晶構造解析とは

　X 線結晶構造解析は試料に X 線を照射して，分子の構造を解析する方法である．**X 線**（X-rays）は波長が 0.1 nm 程度の電磁波であり，それを用いて撮影したレントゲン写真は医療分野で頻繁に利用されている．

　図 8・1 は X 線結晶構造解析の基本的な手順を簡単に示したものである．まず，X 線を試料に照射する．ただし，試料は"結晶"である必要がある．**結晶**（crystal）とは，多くの原子や分子などが三次元的に規則的に正しく配列した固体物質のことをいう．

　結晶に照射された X 線は電子によって散乱され，電子の位置を中心とした球面波として広がっていく（図 8・2）．このとき，結晶中の多くの電子から散乱された X 線は弱めあったり強めあったりして回折 X 線となり，

X 線はドイツの物理学者レントゲンにより，1895 年に発見された．これによって，レントゲンは第一回ノーベル物理学賞を受賞した．

一つの分子に X 線を照射しても，散乱された X 線の強度は弱くて観測することは難しいが，結晶中には多くの電子が存在するので観測するのに十分な強度が得られる．

ポイント！
X 線結晶構造解析はその名のとおり，測定する試料は結晶でなければならない．

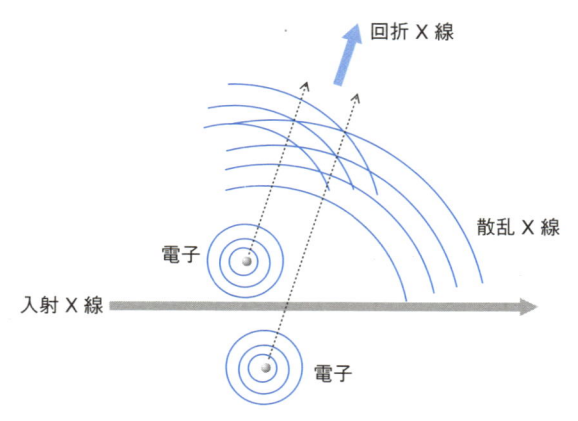

図 8・2　X 線の散乱と回折

これらが"斑点"として検出される．そして，検出された"斑点"の強度は電子密度を反映しており，電子密度が同じ部分を等高線で表した**電子密度図**（electron density map）から分子中の原子の位置がわかる．さらに，これをもとにして，分子の構造を決めることができる．

X線回折の原理

図8・3に示すように，結晶中には原子が規則的に並んだ面が存在し，これらの面の間隔は一定になっている．これらの面に対して，ある角度で入射したX線は電子によって散乱され，あたかもX線はそれぞれの面で反射されたように振舞う．このとき，それぞれの面から反射したX線は(8・1)式の条件を満たすときに強めあう．この結果，結晶から出てくるX線の強度が増加し，回折斑点が生じる．

$$2d \sin \theta = n\lambda \quad (n は整数) \tag{8・1}$$

これを**ブラッグの式**（Bragg equation）という．ここで，λ はX線の波長，θ は入射角，d は面の間隔である．

> このような回折斑点を発見者にちなんで，ラウエ斑点ともいう

> フーリエ変換という数学的な取扱いによって，回折斑点から電子密度図が作製できる．FT-NMRと同様に，X線結晶構造解析の普及はコンピューターの発展によるところが大きい．

> X線の波長は結晶中の原子間の距離と同程度なので，このような現象を観察するのに都合がよい．

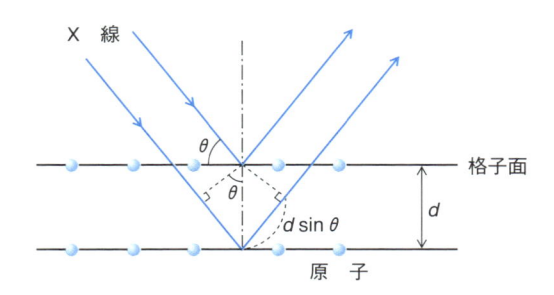

図8・3 X線結晶構造解析の基本原理

つまり，それぞれの面で反射したX線の通過した距離の差（$2d \sin \theta$）が波長 λ の整数倍であるときに，X線は強めあうことを示している．よって，入射角 θ を変えながら回折X線の強度を測定すれば，斑点が強く現れる角度から面の間隔，つまり原子間の距離を知ることができる．

データ解析における問題点

X線などの電磁波は振幅と位相によって表される.ところが,X線回折の測定では,位相に関する情報は失われてしまう.そのため,分子構造を知るためには,位相に関する問題を解決する必要がある.

低分子(分子量 2000 以下程度)のものは,コンピューターによる繰返し計算で位相についての情報を得ることができるが,タンパク質や核酸などの高分子の結晶に関しては特別な実験を伴った方法が必要となる.

電磁波は $y = A \sin(wt + \alpha)$ で表せる.ここで,A は振幅,$(wt + \alpha)$ は位相である.散乱した X 線は原子の空間的な位置の違いによって,それぞれ位相に違いが生じるが,X 線回折の測定ではこの情報が失われる.

2. 分子構造のモデル

X線結晶構造解析の特徴は,分子構造がまるで写真のように,目の前に現れることである.ここでは,分子構造のモデルについていくつか見てみよう.

ORTEP 図

X線の照射によって得られた回折斑点をもとに,コンピューターソフトを用いて ORTEP(オルテップ)図が作製される(図 8・4).オルテップ

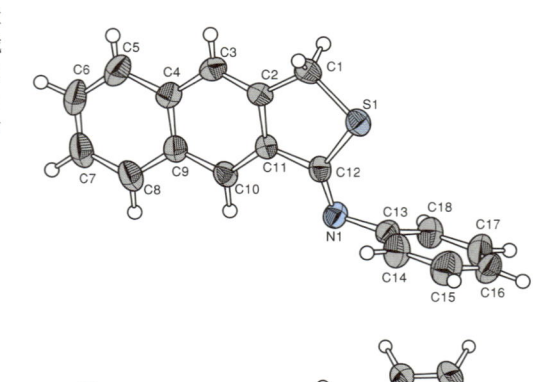

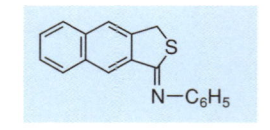

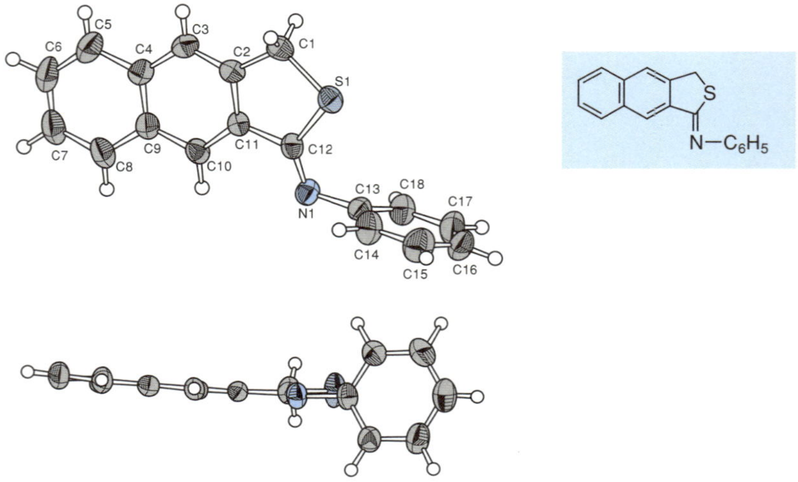

オルテップ図では原子はラクビーボールのような楕円体で表現される.これは,熱振動による原子の時間的変化を考慮して,原子核の位置を中心に一定の確率で存在する領域を描いたものである.通常は 50 % の存在確率で描くが,原子が重なりあってわかりにくいときは確率を下げて小さい楕円体で描けばよい.

図 8・4 ORTEP(オルテップ)図.オルテップ図では水素を除く原子の種類ごとの通し番号がついている.

図では原子位置や結合角が正確に反映されているため，より正確に立体構造を表現できる．その意味で，オルテップ図は分子の写真といえる．

図8・4は分子を二つの違う角度から見たものである．このような表現によって，分子の基本骨格と置換基のフェニル部分がほぼ直角になっていることがよくわかる．このように，オルテップ図を用いると分子を自由に回転させ，思い通りの角度からその構造を見ることができる．

ステレオ図

ステレオ図を用いれば，分子の立体構造がより直観的にわかるだろう．ステレオ図は左右の位置を変えて撮影し，できた画像を2枚並べて左目で左の画像を，右目で右の画像を見て，頭の中で画像を合成すると，立体的に見えるというものである．このような見方を"平行法"という．平行法では遠くを眺めるようにして見るとよい．

一方，左の目で右の画像，右の目で左の画像を見る方法を"交差法"という．交差法では自分の鼻先を見るように視線を交差させるとよい．

オルテップ図を用いて，ステレオ図をつくることができる．図8・5は平行法で描いたステレオ図である．

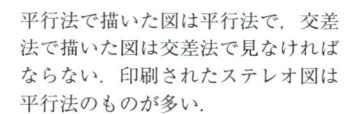

ポイント！
X線結晶構造解析によって，いわば分子の写真を撮影することができる．

平行法で描いた図は平行法で，交差法で描いた図は交差法で見なければならない．印刷されたステレオ図は平行法のものが多い．

平行法　　交差法

ポイント！
X線結晶構造解析は分子の立体構造を決定する最も有力な方法である．

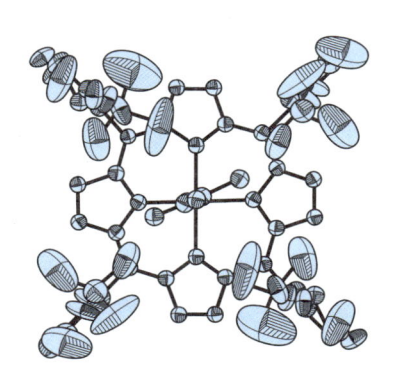

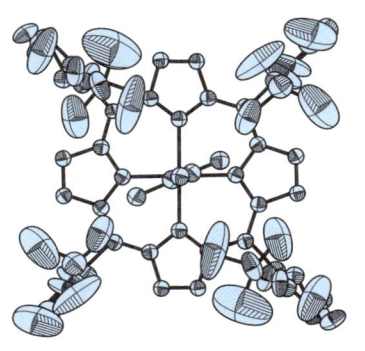

図8・5　オルテップ図を用いたステレオ図

3. 結晶構造のモデル

大部分の分子結晶は絶縁体であるが，TTF-TCNQ 電荷移動錯体の結晶は電気を通すことができる．このような性質をもつ結晶を有機伝導体という．

X線結晶構造解析では，結晶中における分子の配列の仕方，つまり結晶構造についても明らかにできる．

図 8・6 は 2 種類の有機化合物からなる結晶構造を示したものである．それぞれが分離して積み重なっていることがわかる．

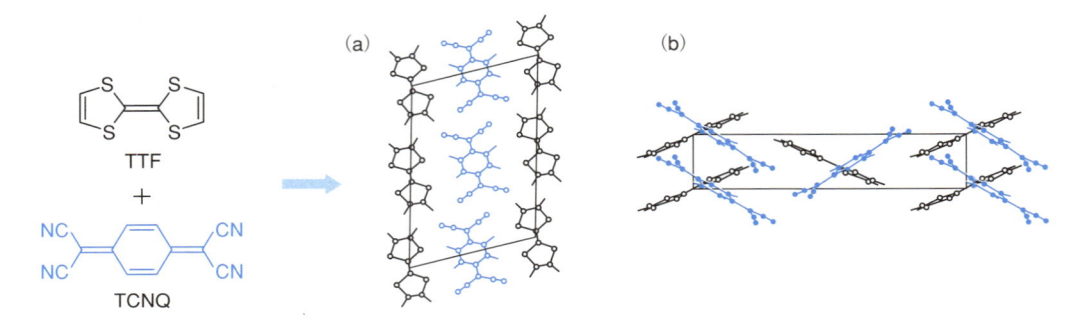

図 8・6　**TTF-TCNQ 電荷移動錯体**．(a) 上から，(b) 横から見たもの．

図 8・7 はイオン結晶のステレオ図である．中心にある 1 個の陽イオンを 4 個の陰イオンが囲むようにして結晶をつくっている様子が立体的にわかる．

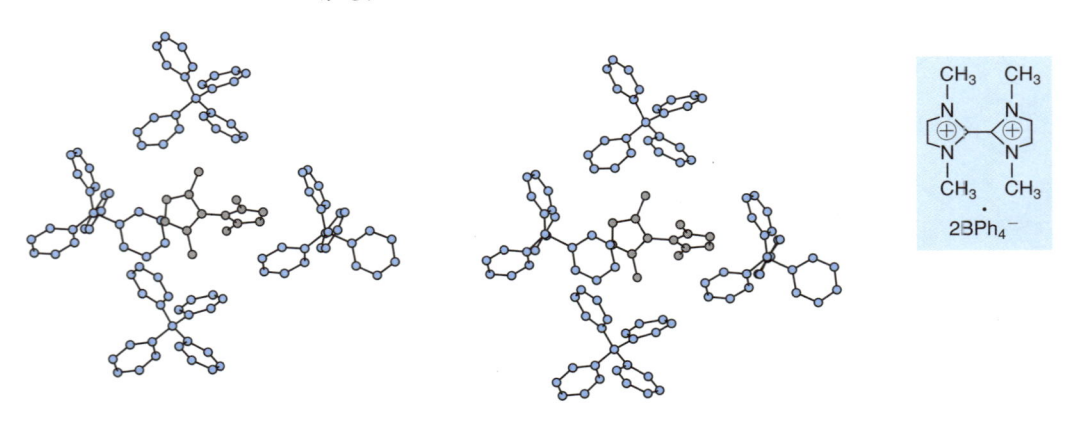

図 8・7　**イオン結晶のステレオ図**

4. X線結晶構造解析の問題点

X線結晶構造解析を用いれば，結晶を構成する分子の構造や結晶全体の構造が明らかにできる．しかし，適用する際に，いくつかの問題点もある．

結 晶 化

X線構造解析が適用できるのは，結晶化できる分子に限られる．さらに，結晶は質の良いものが求められ，不純物がなく，ある程度大きな結晶が必

タンパク質のX線結晶構造解析

タンパク質や核酸などの生体分子の構造を解析する方法のなかで，最も有力なのがX線結晶構造解析である．しかし，一般的な低分子化合物と異なり，タンパク質の結晶は多量の水を含む柔らかなもので，厳密な規則性をもたない．このため，位置が乱れ，電子密度も不鮮明であるために，高い分解能をもつ測定が必要になる．

たいていのタンパク質の結晶の場合，高分解能のデータを得ることは難しく，原子一つひとつの位置は決められないので，タンパク質を構成するアミノ酸を当てはめることによって構造決定を行う．図1はアミノ酸の電子密度図とその構造を示したものである．

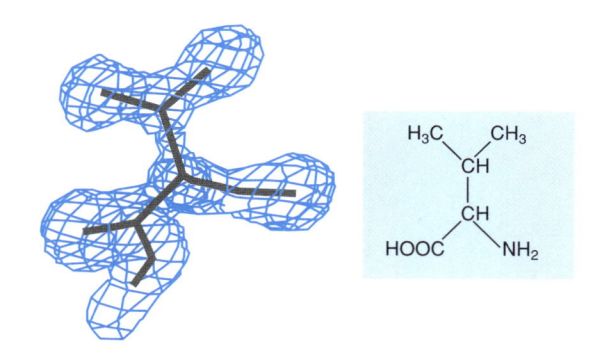

図1 バリン（Val）の電子密度図と構造

原子間距離と結合

X線結晶構造解析で明らかになるのは，結晶中に存在する原子の位置関係だけであり，それら原子同士の結合についての情報は得られない．そのため，どの原子がどの原子と結合しているかを決めるのは，測定者にゆだねられる．測定者はコンピューターを使って原子間距離と結合距離を綿密に比較して，間違いのないように結合を描き，最終的な分子構造を決めなければならない．

結晶状態と分子構造

結晶中の分子は限られた空間に詰まっているので，その構造は溶液中や気体状態のものと，異なっている可能性がある．

図 8・8 は，2 個のベンゼン環が X, Y の原子団で結合された分子の結合角を表したものである．それぞれ，気体，液体，結晶での角度が示してある．結合角の大きさにわずかではあるが，違いのあることに注意しよう．

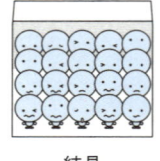

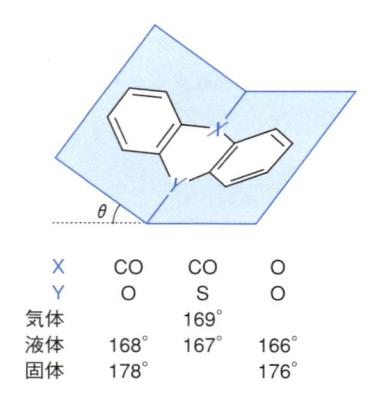

X	CO	CO	O
Y	O	S	O
気体		169°	
液体	168°	167°	166°
固体	178°		176°

図 8・8 分子の状態と構造

以上のように，X線結晶構造解析にもいくつかの問題点はあり，決して万能な方法とはいえないが，特に分子の立体構造の解析するための切り札として，今後もその重要性は増すであろう．

IV

構造解析をやってみよう

9 基本的な構造解析

　さまざまな化学反応を用いて新しい分子を合成することは，有機化学における大きな魅力の一つとなっている．このような場合に，どのような分子が合成され，つくられた分子が目的のものであるのかどうかを確認するには，これまでに見たスペクトルを用いて構造を決定する必要がある．
　ここでは，各種スペクトルからどのような情報が得られ，実際の構造解析がどのように行われるのかを，最も基本的な例を取上げながら見てみることにしよう．

1. 分子式の決定

　分子の構造を決定するときに，まず知らなければならないのは，分子を構成する原子の種類と個数である．つまり，分子式を求めることが必要となる．

ポイント！
構造決定の第一の目標は分子式を知ることである．

炭化水素の分子式
　ここでは簡単な例として，炭化水素の分子式を求めよう．ここで分子式を求めるということは，1個の分子中に何個の炭素と水素が含まれているかを明らかにすることである．そのためには，分子に含まれている炭素と水素の質量を知る必要がある．

炭素と水素だけからできた化合物を炭化水素という．

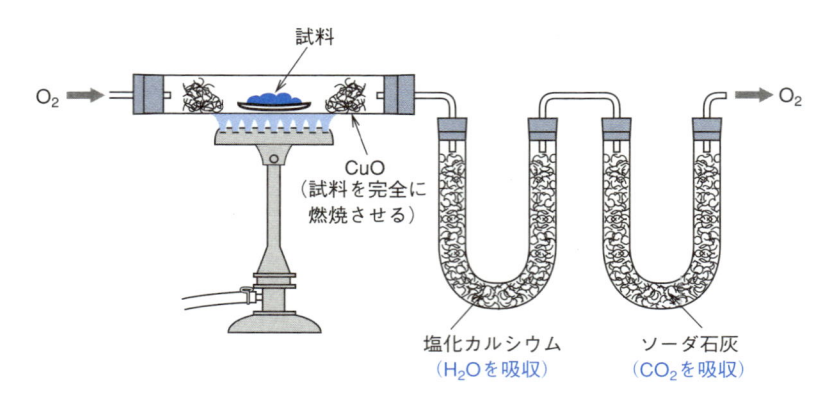

図9・1 元素分析

炭素と水素の質量

最も初歩的な方法として，試料を燃やして炭素を二酸化炭素，水素を水に変えて，質量を測定する方法がある．これを**元素分析**（elemental analysis）という（図9・1）．まず，炭化水素を十分な酸素の存在下で燃焼すると，炭素は二酸化炭素，水素は水に変化する．そして，水は塩化カルシウム $CaCl$ に，二酸化炭素はソーダ石灰に吸収させ，それぞれの質量を測定する．

ソーダ石灰は生石灰（酸化カルシウム CaO）を水酸化ナトリウム $NaOH$ の濃厚溶液に浸したのち加熱してつくった白色の物質である．

【問題】 未知の炭化水素 100 mg を十分な酸素の存在下で燃焼したところ，二酸化炭素 314 mg と水 129 mg を生成した．この結果から，炭化水素に含まれる炭素と水素の質量を求めよ．

【解答】 炭化水素に含まれる炭素と水素の質量は，下記の式から求めることができる．

$$\text{炭素の質量}：CO_2 \text{ の質量} \times \frac{C}{CO_2}$$

$$\text{水素の質量}：H_2O \text{ の質量} \times \frac{H_2}{H_2O}$$

ここで，分子量 44 の二酸化炭素 CO_2 中に占める炭素の割合は 12/44，分子量 18 の水 H_2O 中に占める割合は 2/18 であるので，

$$炭素の質量：314\,\text{mg} \times \frac{12}{44} = 86\,\text{mg}$$

$$水素の質量：129\,\text{mg} \times \frac{2}{18} = 14\,\text{mg}$$

となり，よって試料 100 mg 中に含まれる炭素，水素の質量はそれぞれ 86 mg, 14 mg となる．

炭素と水素の個数

つぎに，分子式を決定するために炭素と水素の個数を求める．

【問題】 炭化水素 100 mg には炭素が 86 mg, 水素が 14 mg 含まれている．炭化水素を構成する炭素と水素の個数比を求めよ．

【解答】 上で求めた炭素，水素の質量をそれぞれの原子量で割ると，炭素と水素の個数比がわかる．つまり，炭素の個数は 86/12 = 7.16, 水素の個数は 14/1 = 14 となり，個数比 C：H = 7.2：14 が求まる．炭化水素の分子式における炭素と水素の個数は整数比であるので，結果として C：H = 1：2 が得られる．

この比は実験値から求めたものであり，さらなる検証は必要であるが，ここでは上記の炭化水素を $(CH_2)_n$ で表すことにする．これを"実験式"という．最終的に分子式を決定するには，実験式における n を求めなければならない．そのためには，炭化水素の分子量を知る必要がある．

炭化水素の分子式の決定

現在，分子量を知るための最も一般的な方法は，マススペクトルを測定することである．

【問題】 実験式 $(CH_2)_n$ の炭化水素のマススペクトルを測定したところ，分子量が 42 とわかった．この結果から，分子式を求めよ．

【解答】 実験式 $(CH_2)_n$ の炭化水素の分子量は $14n$ になるので，$14n = 42$ が成り立つ．したがって $n = 3$ となり，分子式は $(CH_2)_3$，すなわち C_3H_6 と決定できる．

マススペクトルがまだ一般的でなかったころは，凝固点降下や沸点上昇という現象を利用して，分子量を求めた．これらについて知りたいときは，物理化学の教科書などを見てみよう．

酸素を含む分子の分子式

炭素，水素，酸素だけからなる分子の分子式を求めよう．

【問題】 この分子 100 mg を十分な酸素の存在下で燃焼したところ，二酸化炭素 191 mg と水 117 mg が得られた．分子式を求めよ．ただし，マススペクトルの測定によって，分子量は 46 であることがわかっている．

【解答】 炭化水素のときと同様に，炭素と水素の質量を求めると，それぞれ 52.1 mg，13.0 mg となる．分子には炭素，水素以外には酸素しか含まれていないのだから，酸素の質量は 34.9 mg となる．

それぞれの質量を原子量で割って比を求めると，$C : H : O = 4.3 : 13 : 2.2$ となる．このような場合，整数比にする良い方法は，すべての数字を最も小さい数字で割ることである．すると，$C : H : O = 1.95 : 5.91 : 1$ となり，最終的に $2 : 6 : 1$ という整数比が求まる．

以上のことから，実験式は $(C_2H_6O)_n$ となる．よって，マススペクトルから得られた分子量は 46 であるので，$46n = 46$ から $n = 1$ となり，分子式を C_2H_6O と決定できる．

2. 異性体の識別

これまでに数え切れないほどの有機化合物が見いだされている．この理由の一つとして，**異性体**（isomer）の存在があげられる．このため，分子式が同じであっても，構造の異なる化合物が存在する．つまり，分子式を求めても，構造決定が完了したわけではない．

ここでは，異性体をどのように識別して，構造を決定するのかについて見てみよう．

分子式と異性体

異性体の構造決定ができるようになるには，まず分子式からどのような異性体が存在するのかを知る必要がある．ここでは，本章で見た化合物を例にとって見てみよう．

ポイント！
有機化合物には多くの異性体が存在するので，分子式がわかっても構造決定が完了したわけではなく，さらに異性体を識別する必要がある．

異性体に一生を捧げた博士

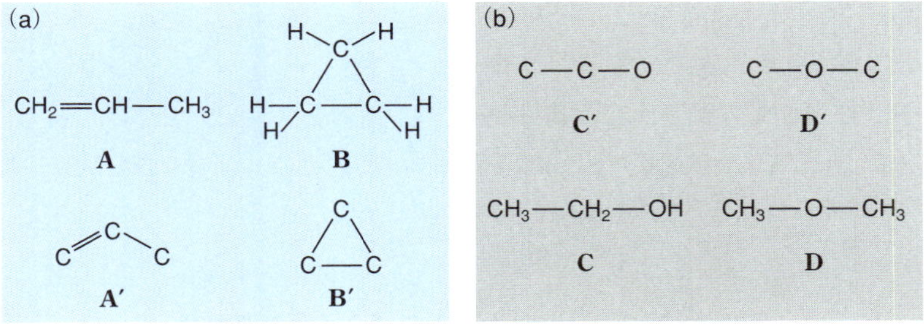

図 9・2　C_3H_6 (a) および C_2H_6O (b) の異性体

① **C_3H_6 の異性体**　分子式 C_3H_6 の異性体は，図 9・2(a) に示した二つの可能性があることがわかる．**A** のプロペン（プロピレン）と **B** のシクロプロパンがあり，両者ともまったく違った化合物である．

可能な構造式を書き出すときには，一般に炭素骨格だけに注目したほうがやりやすい．図の **A′**，**B′** は炭素部分だけを取出したものであり，炭素骨格が決まれば水素の位置や個数は自動的に決まる．

② **C_2H_6O の異性体**　酸素を含んだ化合物の異性体を見るときにも，水素は除いて，炭素と酸素だけの骨格を考えたほうがよい．図 9・2(b) は，前の例とは逆に水素を外した骨格から書き出した例である．**C′** の C–C–O と **D′** の C–O–C があることがわかる．それぞれに必要な水素をつけると，エタノール **C** とジメチルエーテル **D** になる．

③ **C_4H_8 の異性体**　C_3H_6 に CH_2 単位を増やした C_4H_8 の異性体を見てみよう．炭素数が多くなったら，炭素も省いて考えたほうがわかりやすくなるので，炭素と炭素の結合だけを直線を使って書き出せば良い．ここでは，直線の両端と屈曲部には炭素が存在し，各炭素には結合を満足するだけの水素がついているという約束がある．

図 9・3(a) に示したように，C_4H_8 には 6 個の異性体が存在する．3 個（**E**，**F**，**G**）は直鎖状，1 個（**H**）は枝分かれ状，そして 2 個（**I**，**J**）が環状化合物である．**F** と **G** は二重結合のまわりの配置が異なるシス体（**G**）とトランス体（**F**）の関係にある異性体である．

さらに，C_5H_{10} の異性体の個数は 14 個までに増える．練習のために，書き出してみるのもいいだろう．

アルカン C_nH_{2n+2} の異性体数を参考までに示した．炭素数が増えると，膨大な数になることがわかるだろう．

分子式	異性体数	分子式	異性体数
C_4H_{10}	2	C_9H_{20}	35
C_5H_{12}	3	$C_{10}H_{22}$	75
C_6H_{14}	5	$C_{15}H_{32}$	4347
C_7H_{16}	9	$C_{20}H_{42}$	366 319
C_8H_{18}	18	$C_{30}H_{62}$	4 111 846 763

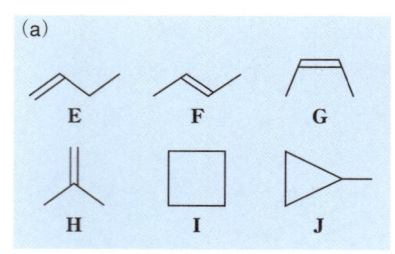

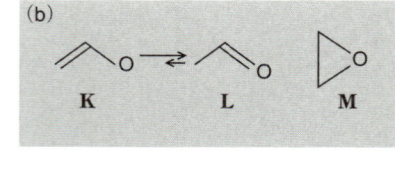

図 9・3　C_4H_8（a）および C_2H_4O（b）の異性体

④ **C_2H_4O の異性体**　C_2H_6O から水素が 2 個減った化合物 C_2H_4O の異性体を見てみよう．図 9・3(b) に示したように，3 個の異性体が考えられる．C_2H_6O では 2 個しかなかったのに，水素の個数が減ると異性体が増えている．

しかし，**K** と **L** はケト-エノール互変異性の関係にあり，ビニルアルコール **K** は安定な分子としては存在できず，アセトアルデヒド **L** に変化してしまう．したがって，構造決定の対象になる異性体としては，**L** と **M** の 2 種類となる．

ポイント！
どのような異性体があるのかを知るには，自分で書き出してみるとよい．

異性体の識別の実際

同じ分子式からでも，構造の異なる化合物が存在することを見た．このような異性体のうちから，特定の構造を決定するには，これまでに見たスペクトルが大きな力を発揮する．

ここでは，上記で見た分子式をもつ異性体の識別を，スペクトルを用いてどのように行うのかについて見てみよう．

① **C_3H_6 の識別**　C_3H_6 の異性体には **A** と **B** の 2 種類があった．これらを区別するには，どのようなスペクトルを用いればよいだろうか．ここで大切なことは，スペクトルのうちでも特に大きな違いを示すスペクトルを利用すれば，構造決定を簡単に，かつ正確に行うことができる．

ここでは，UV スペクトルに注目してみよう（図 9・4a）．プロペン **A** は二重結合を 1 個もっており，**B** は二重結合をもたない．したがって，**A** は二重結合に基づく UV スペクトルの吸収がエチレンと類似の波長に現れることが予想される．それに対して，シクロプロパン **B** は吸収をもたない．

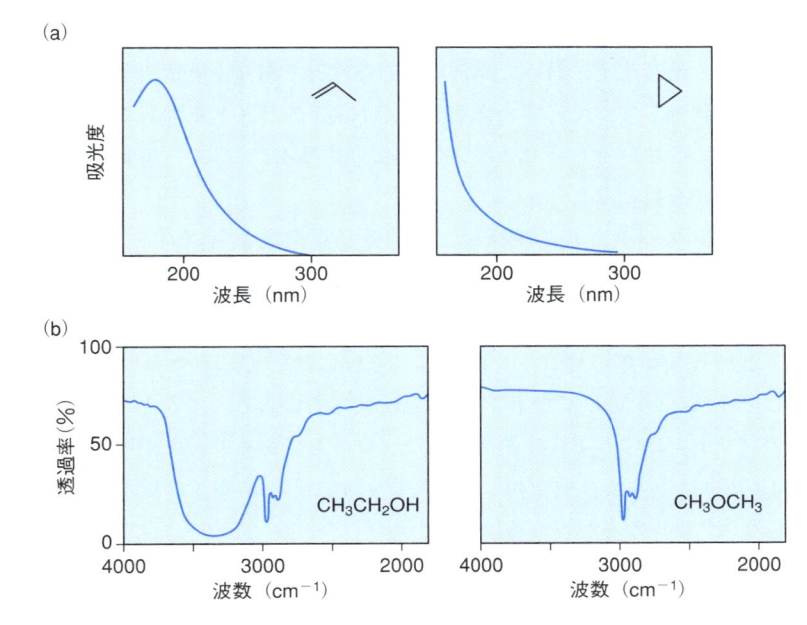

図 9・4　異性体の識別. (a) C_3H_6 の UV スペクトルの模式図. 左はプロペン, 右はシクロプロパン. (b) C_2H_6O の IR スペクトルの一部の模式図. 左はエタノール, 右はジメチルエーテル.

このため, UV スペクトルを測定すれば, C_3H_6 の異性体の構造が決定できる.

② C_2H_6O の識別　C_2H_6O の異性体は, アルコール **C** とエーテル **D** の2種類であった. アルコールにはヒドロキシ基という官能基があり, エーテルには官能基がない.

このように, 官能基の有無やその種類を調べるには, IR スペクトルが最も簡便であり, かつ判定が容易である. 図 9・4(b) には, C_2H_6O の異性体の IR スペクトルを示した. 測定の結果から, 3500 cm^{-1} 付近にヒドロキシ基の O−H 伸縮振動による幅広い大きな吸収があればアルコール **C** であり, 吸収がなければエーテル **D** であることがわかる.

3000 cm^{-1} 付近の吸収は C−H 伸縮振動によるものである.

NMR スペクトルによる異性体の識別

上記で見たように, UV スペクトルや IR スペクトルを用いても異性体

の識別は可能である．

しかし，構造決定において非常に強力な武器であり，構造決定の手法として必ず習熟しておく必要のあるものがNMRスペクトルである．ここでは，C_3H_6，C_2H_6O それぞれの異性体の識別にNMRスペクトルがどのように役立つかを見てみよう．

^1H NMRスペクトルの特徴は，有機分子を構成するプロトン（水素）についての識別ができることにある．

① **C_3H_6 の識別**　図9・5に見るように，プロペン**A**にはCH_2, CH, CH_3という3種類のプロトンがある．それに対して，シクロプロパン**B**ではCH_2という同じプロトンが3組あるだけである．すなわち，**B**の6個のプロトンはすべて化学的に等価なプロトンである．したがって，**A**はNMRスペクトルで3種類のシグナルを示すことが予想されるが，**B**では1本のシグナルのみが現れるはずである．

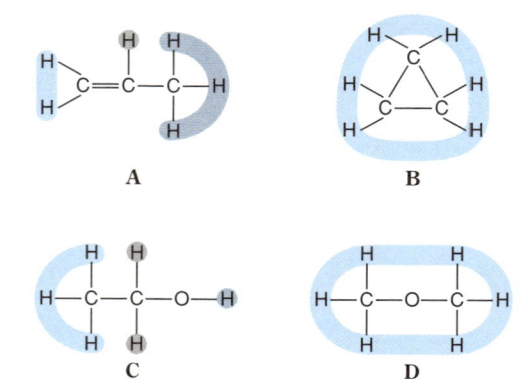

図9・5　プロトンの種類

ポイント！
構造決定では各スペクトルの特徴を理解し，どのような情報が得られるのかを知っておくことが大切である．

② **C_2H_6O の識別**　図9・5に見られるように，エタノール**C**にはCH_3, CH_2, OHの3種類のプロトンがあり，ジメチルエーテル**D**にはCH_3が2組あるだけで，これらのプロトンは化学的に等価である．したがって，**C**では3種類のシグナル，**D**では1本のシグナルのみが現れるはずである．

3. NMRスペクトルによる構造解析

前節ではNMRスペクトル用いて異性体の識別について試みた. しかし, これはプロトンの種類とシグナルの個数の一致に着目しただけで, NMRスペクトルの能力のほんの一部分を利用したにすぎない. ここでは, NMRスペクトルにおける化学シフトがどのように構造決定に役立つかを見てみよう.

C_3H_6 の化学シフト

C_3H_6 の異性体のうち, **A** は二重結合もったプロペンであり, **B** は三員環をもったシクロプロパンであった.

プロペン **A** のNMRスペクトルを図9・6(a) に示した. 二重結合炭素についたプロトンの化学シフトは, 通常 4.5〜6.5 ppm に見られる. 一方, 飽和炭素についたプロトンのうち, 特にメチル基 CH_3 のプロトンのシグナルは最も右側に現れる. プロペンでは 5 ppm 付近に H_B, 5.7 ppm 付近に H_C, そして 1.7 ppm 付近に H_A のシグナルが見られる.

シクロプロパン **B** についたプロトンは, 特殊なプロトンであり, 通常のNMRスペクトルでは最も右側 (低周波数, 高磁場) に現れる. シクロプロパンのNMRスペクトルを図9・6(b) に示した. 0.2 ppm に一重線の

二重結合や三重結合は電子求引性があるので, 二重結合炭素に結合したメチル基のプロトンの吸収はいくぶん左側に移動している.

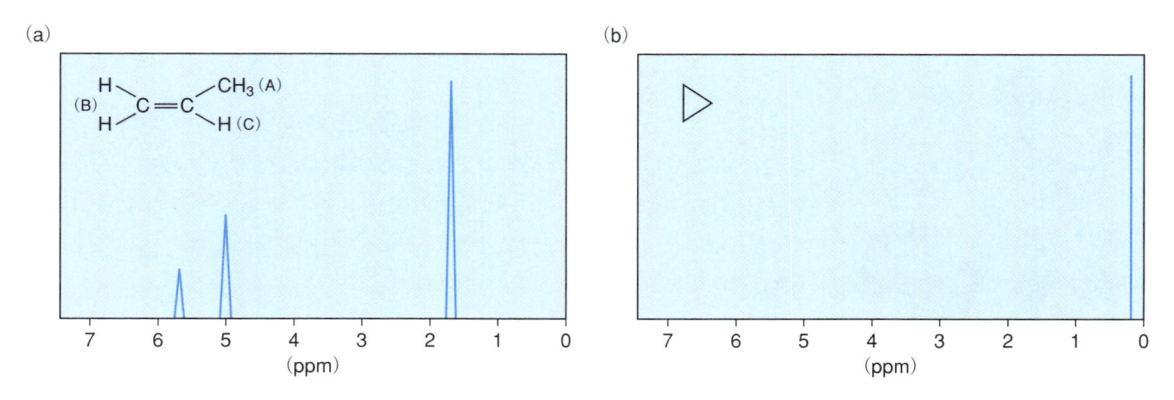

図9・6 プロペン (a) およびシクロプロパン (b) の ^1H NMR スペクトルの模式図

シグナルが見えるだけである.

このように，NMR スペクトルを解析すると，分子の構造と化学シフトの間に良い一致のあることがわかる（図 4・12 参照）．この例のような，簡単な構造の分子ならば，以上のような解析をしなくても構造決定は可能である．しかし，複雑な分子になると，NMR スペクトルによる解析が必要になってくる．

C_2H_6O の化学シフト

エタノール **C** の NMR スペクトルは，すでに図 5・9 に示した．電気陰性度の高い酸素に結合した炭素についたメチレンプロトン CH_2 は，通常のメチレンプロトンの化学シフトより左側にあり，3.7 ppm 付近に見られる．メチルプロトン CH_3 も酸素の影響を受けて，通常のメチルプロトンより左側にあり，1.2 ppm 付近に現れる．OH プロトンの化学シフトは試料濃度などによって変化する.

OH プロトンの化学シフトの変化は分子間水素結合の影響を受けるためである（4 章参照）．

シグナルの面積比は $CH_3 : OH : CH_2 = 3 : 1 : 2$ となり，試料分子中のプロトンの数を正確に反映している．

一方，ジメチルエーテル **D** ではすべてのプロトンが 2 個のメチル基についており，しかもメチル基は化学的に等価である．したがって，6 個のプロトンすべては化学的に等価になるので，シグナルは 1 本しか現れず，3.2 ppm 付近に見られる.

ポイント！
NMR スペクトルおいて化学シフトは最も基本的で重要な情報である．

4. さまざまなスペクトルによる構造解析

ここまで，各種スペクトルが構造決定にどのように用いられるかを見てきた．ここでは練習のために，これまでに登場した化合物の中から，分子式 C_2H_4O の異性体であるアセトアルデヒド **L** とオキシシクロプロパン **M** を例にとって（図 9・3 参照），スペクトルによりどのように識別されるかを見ておこう．

アセトアルデヒドのスペクトル特性

各種スペクトルのおもな特徴はつぎのようになる（図 9・7）．

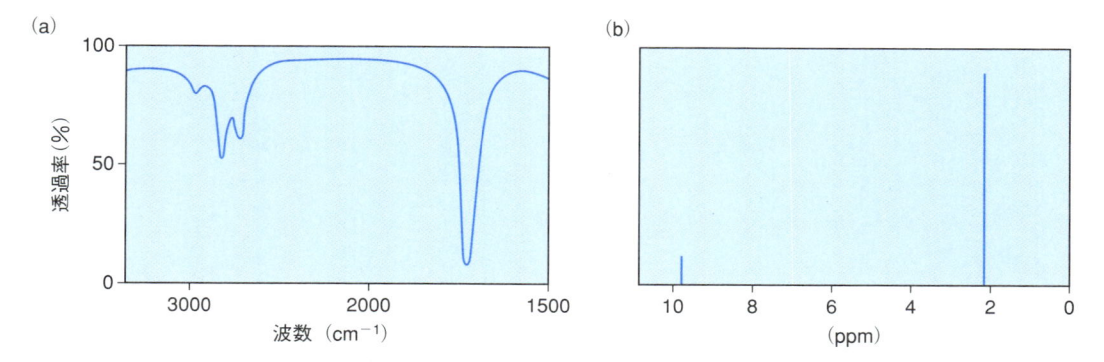

図 9・7 アセトアルデヒド CH_3CHO の IR スペクトル（a）および ^1H NMR スペクトル（b）の模式図

UV スペクトル：C＝O 二重結合に基づく吸収が 180 nm 付近に現れる．
IR スペクトル：ホルミル基の C＝O 結合に基づく吸収が 1700 cm^{-1} 付近に現れる．
NMR スペクトル：C＝O 基の炭素についているメチル基は通常より左側に現れ，2.2 ppm 付近に 3H 分の吸収が見られる．また，9.8 ppm 付近にアルデヒドプロトンの特徴的な吸収が現れる．

アセトアルデヒドの UV スペクトルの形は図 9・4 のプロペンを参照．

オキシシクロプロパンのスペクトル特性

各種スペクトルにおけるおもな特徴はつぎのようになる．
UV スペクトル：吸収を示さない（図 9・4a の右図参照）．
IR スペクトル：1700 cm^{-1} 以上の領域には特徴的な吸収を示さず，3000 cm^{-1} 付近に C－H 伸縮振動による吸収が現れるだけである（図 9・4b の右図参照）．
NMR スペクトル：2 組の CH_2 は化学的に等価であり，電気陰性度の高い酸素に結合しているので，図 9・6(b) に示したシクロプロパンに比べてかなり左側に吸収が移動し，2.5 ppm 付近に 1 本のシグナルが見られる．

以上のように，両者にはすべてのスペクトルにおいて明白な違いがあるので，どれか 1 種類のスペクトルを測定すれば構造決定には十分である．しかし，念のために，可能であればスペクトルはすべてそろえて，データの間に矛盾がないことを確認してから，慎重に構造決定を行うべきである．

ポイント！
構造決定では，いくつかのスペクトルをもとに総合的に判断することが重要である．

10 実践的な構造解析

9章では，簡単な化合物の構造解析について見た．ここでは，もう少し複雑な化合物の構造を決定してみよう．構造解析の基本的なことは，9章で見たのと同じであるが，ここではおもに ^{1}H NMR スペクトルから得られるさまざまな情報を用いて，異性体の識別を行ったり，立体的な構造を明らかにしてみよう．

さらには，^{13}C NMR スペクトルや二次元 NMR を用いた構造解析にも挑戦してみよう．

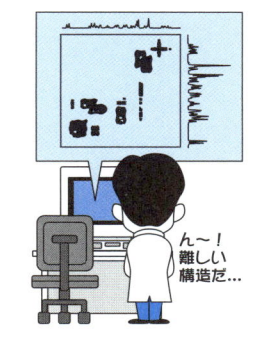

1. 複雑な化合物の異性体の識別

9章の「2. 異性体の識別」で分子式 C_4H_8 をもつ異性体の種類について見てみた．図 10・1 はそれらの異性体を再び示したものである．ここで，これら異性体を識別するにはどうすればいいのかを見てみよう．

UV，IR スペクトルによる識別

UV スペクトルは二重結合の有無および共役系の長さを見るのに適したスペクトルである．

図 10・1 の異性体を見ると E, F, G, H の鎖状化合物はすべて1個の二重結合をもち，それに対して I, J の環状化合物は二重結合をもたない．したがって，UV スペクトルを測定すれば鎖状化合物であるか，あるいは環状化合物であるかの区別はつけられる．しかし，鎖状化合物のなかの E,

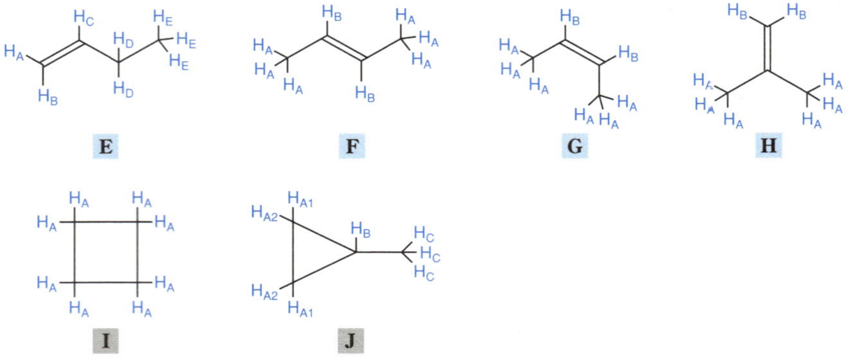

図 10・1　C_4H_8 の異性体

F, G, H の区別をつけることはできない.

IR スペクトルはおもに官能基の有無と種類を見分けるスペクトルである. 図 10・1 の異性体に存在する官能基は二重結合である. したがって, 二重結合の有無は IR スペクトルでも識別できる. すなわち, 3000 cm^{-1} 以上に =C-H 伸縮振動, 1650 cm^{-1} 付近に C=C 伸縮振動の吸収があれば, 二重結合の存在が確認できる. また, 指紋領域にアルケンの置換パターンによって特徴的な吸収が現れることがあるが, 通常の分子では非常に複雑で解析が困難になることもある.

以上のことから, ここでは UV スペクトルと IR スペクトルからは不飽和化合物 E, F, G, H と環状化合物 I, J の区別のみが可能であるとして, 先に進むことにする.

二置換アルケンの置換パターンによって, 以下のように吸収領域の異なることが知られている. ただし, シス体の吸収は明瞭に現れないことが多いようである.

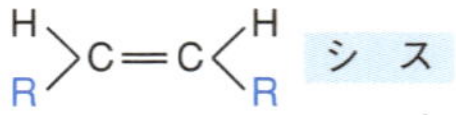

シス　730〜665 cm^{-1}

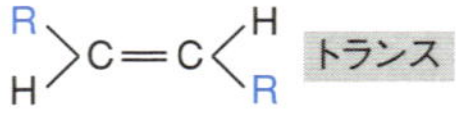

トランス　980〜960 cm^{-1}

NMR スペクトルの面積比による識別

NMR スペクトルの応用の最も簡単な例として, シグナルの面積比を見ることがあった. 表 10・1 は各異性体におけるシグナルの面積比と不飽和炭素についたプロトンの個数をまとめたものである.

このような簡単な調査でも, かなりの識別はできる. すなわち, 四員環シクロブタン I の 8 個のプロトンはすべて化学的に等価である. したがって, NMR スペクトルには 1 本のシグナルしか現れない. NMR スペクトルがそのような単純なスペクトルしか与えなかったら, その試料はシクロ

表 10・1 C₄H₈ 異性体のプロトン比および不飽和炭素についたプロトン数

化合物	E	F	G	H	I	J
プロトン比	A:B:C:D:E 1:1:1:2:3	A:B 6:2	A:B 6:2	A:B 6:2	A	A1:A2:B:C 2:2:1:3
不飽和炭素についたプロトン数	3	2	2	2	0	0

ブタン **I** であるということができる．

メチルシクロプロパン **J** には 4 種類のプロトンがあり，その比は 2 : 2 : 1 : 3 になっている．三員環についた 4 個の H_A は同じもののように見えるが，メチル基との相対的な位置によって H_{A1} と H_{A2} の 2 種類に分けられる．このようなプロトン比のシグナルを与える可能性のある化合物は他に見られない．したがって，上記のカップリングパターンを示す NMR スペクトルを与える化合物があったとしたら，その構造はメチルシクロプロパン **J** と決定できる．

1-ブテン **E** のプロトン比も他のものと異なっている．5 種類のプロトンに応じて 5 種類のシグナルが現れる可能性がある．すなわち，H_A と H_B は同じように見えるが，H_C に対する関係が異なっている．そのため，H_A と H_B は異なった化学シフトのシグナルを与える．それに対して，2 個の H_D は互いに異なるように見えるが，二重結合から出た C–C 結合が回転可能なので，これらは化学的に等価である．1-ブテン **E** は二重結合についたプロトンの個数が 3 個であり，これからも他の分子と区別することができる．

しかし，化合物 **F**，**G**，**H** のプロトン比は三つとも同じであるので，これらを区別することはできない．このような場合には，どのようにしたら構造決定ができるだろうか．

2. カップリングパターンによる識別

NMR スペクトルのシグナルはスピン-スピン結合（カップリング）によって複雑に分裂する．この様子を"カップリングパターン"という．カップリングパターンを解析することによって，各プロトン間の位置関係を知る

ポイント!
シグナルの面積比という単純な情報からでも，ある程度の識別は可能である．

ことができる．ここで，前節の化合物のカップリングパターンを解析してみよう．

カップリングによるシグナルの分裂

すでに見たように，カップリングによるシグナルの基本的な分裂は以下のようになる．プロトン H_A が結合する炭素 C_A の隣の炭素 C_B に n 個のプロトンが結合していると，H_A のシグナルは $(n+1)$ 本に分裂する．

さらに，反対側の隣の C_C に m 個のプロトンがついていたら，H_A のシグナルは $(n+1)$ 本に分裂したうえで，さらに $(m+1)$ 本に分裂する．すなわち，合計 $(n+1)\times(m+1)$ 本に分裂する．たとえば，図 10・2 に示したように，H_A のシグナルは両隣に 1 個の H_B，2 個の H_C が存在するので，$(1+1)\times(2+1)=6$ 本に分裂する．

化合物 I，J のカップリングパターン

化合物 I ではすべてのプロトンは化学的に等価である．このような場合にはカップリングは起こらず，シグナルは 1 本のままである（図 10・3）．

化合物 J のカップリングパターンを考えてみよう．9 章で見たシクロプ

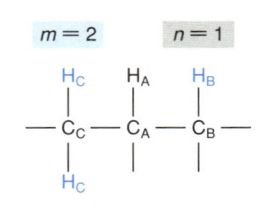

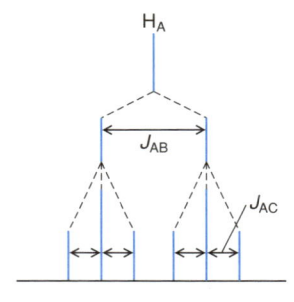

図 10・2 2 種類のプロトンが隣合っている場合のシグナルの分裂

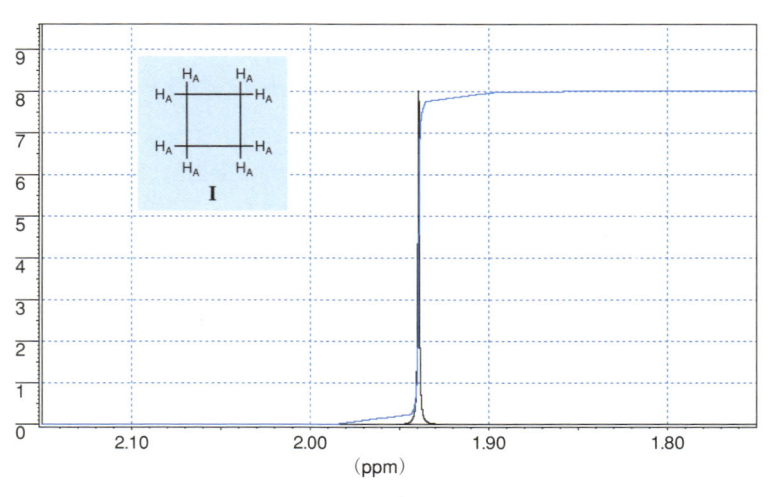

図 10・3 化合物 I の ^1H NMR スペクトル

ロパンのプロトンはすべて化学的に等価であるので、シグナルは1本だけであった(図9・6参照).しかし、メチル基がついたメチルシクロプロパン **J** は複雑なパターンを示す.

前節において、三員環についた4個のプロトンは H_{A1} と H_{A2} の2種類に分けられることを見た.そのため、H_{A1} は2個の H_{A2}、1個の H_B、3個の H_C (遠隔スピン結合) とカップリングを行うので、複雑なパターンになる.H_{A2} も同様なカップリングパターンを示す.

H_C の結合している炭素の隣の炭素には、1個のプロトン H_B が結合している.したがって、H_C のシグナルは (1+1)=2本に分裂し、二重線になることが予想される.そのうえ、さらに H_A との遠隔スピン結合の影響も加わると推測される.

一方、H_B の結合している炭素の隣の炭素にはメチル基の H_C が3個、さらに反対側の隣の炭素には H_A が2個ずつ、合計4個のプロトンがついている.したがって、H_B のシグナルは $(3+1) \times (4+1) = 20$ 本に分裂することが予想される.しかし、このような分裂は1本ずつのシグナルとして分離されることなく、多重線の複雑なシグナルとして観測される.

化合物 **J** のNMRスペクトルを図10・4に示した.これまでの予想と一致しているかを確認してみよう.

プロトン	強度	化学シフト
H_{A1}	2H	−0.094
H_{A2}	2H	0.006
H_B	1H	0.55
H_C	3H	1.05

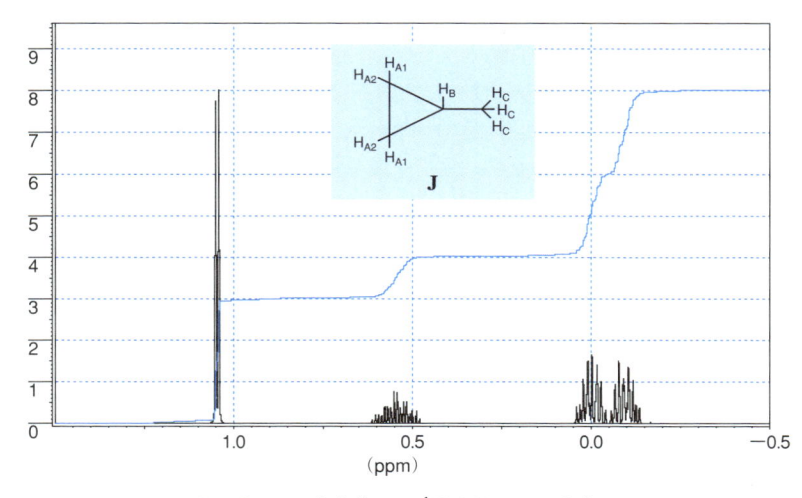

図10・4 化合物 **J** の ^1H NMRスペクトル

化合物 E のカップリングパターン

H_A とカップリングするプロトンは二重結合についた1個の H_B, 1個の H_C であるので, $(1+1)\times(1+1)=4$ 本に分裂することが予想される. このようなシグナルは二重線が二つ重なったものとして, 二重線の二重線とよばれる. H_B も同じ理由で二重線の二重線となる. しかし, これらのシグナルは化学シフトが非常に接近しているために, 重なりあって複雑になっている.

H_C は H_A, H_B によって二重線の二重線となり, さらに2個の H_D によって $2+1=3$ 本に分裂するので, 複雑な多重線となる.

H_D は H_C によって2本に分裂し, さらに3個の H_E によって4本に分裂した四重線の二重線になることが予想される. そして, H_E は2個の H_D によって3本に分裂して三重線となる.

化合物 E の NMR スペクトルを図 10・5 に示した. 予想との一致はどうだろうか.

ポイント！
カップリングパターンから有用な情報が得られ, 各シグナルがどのプロトンに由来するのかを決めることができる.

プロトン	強度	化学シフト
H_E	3H	1.0
H_D	2H	2.0
H_A	1H	4.87
H_B	1H	4.94
H_C	1H	5.78

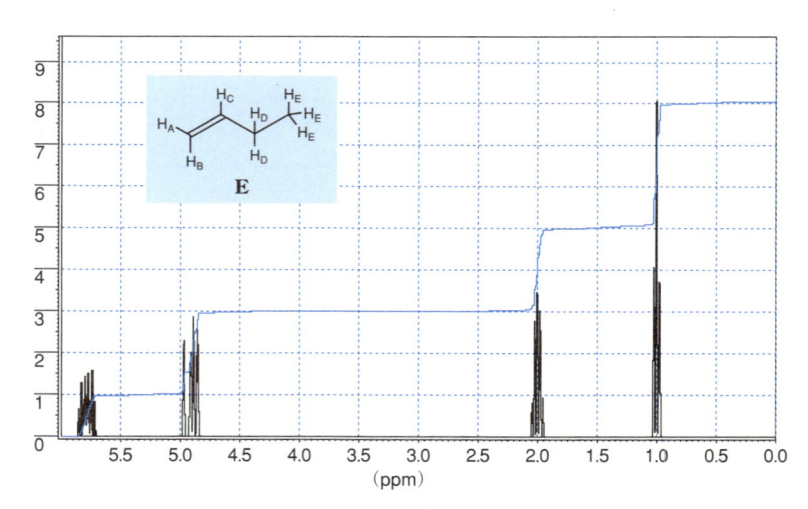

図 10・5　化合物 E の ^1H NMR スペクトル

3. 化学シフトや結合定数による識別

カップリングパターンが同じものは，化学シフトや結合定数などの情報を用いて異性体の識別ができる．

化合物 F, G, H のカップリングパターン

すでに見たように，化合物 F, G, H はプロトン数の比によって識別できなかった．NMR スペクトルで用いられる他の識別の手段はカップリングパターン，化学シフト，結合定数である．

まず，カップリングパターンがどのようになるのかを見てみよう．

化合物 F C_1 に結合した3個の H_A のシグナルは，隣の H_B によって2本に分裂し，二重線となる．これは C_4 に結合した H_A でもまったく同様である．C_2 の H_B は C_1 の3個の H_A によって4本に分裂する．しかし，図10・6に示すように分子は対称軸をもち，C_1 と C_4 および C_2 と C_3 は同じ関係になるので，C_2 の H_B は隣の C_4 の H_B によって分裂することはない．したがって，H_B のシグナルは3個の H_A による分裂だけになり，4本に分裂し，四重線になる．

> **ポイント！**
> カップリングパターン，化学シフト，結合定数を用いれば，かなりの構造決定ができる．

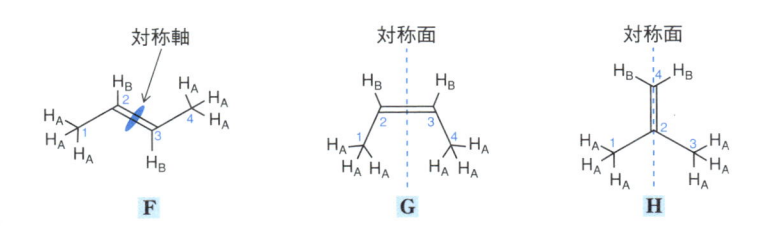

図 10・6 化合物 F, G, H の対称性

化合物 G 化合物 F と同様に，対称な分子である（図10・6）．化合物 F と同じカップリングパターンを示し，H_A のシグナルは2本に分裂し，H_B のシグナルは4本に分裂する．

化合物 H H_A の隣にはプロトンがない．したがって，H_A のシグナルは1本になる．H_B の隣にもプロトンはない．したがって，H_B のシグナルも

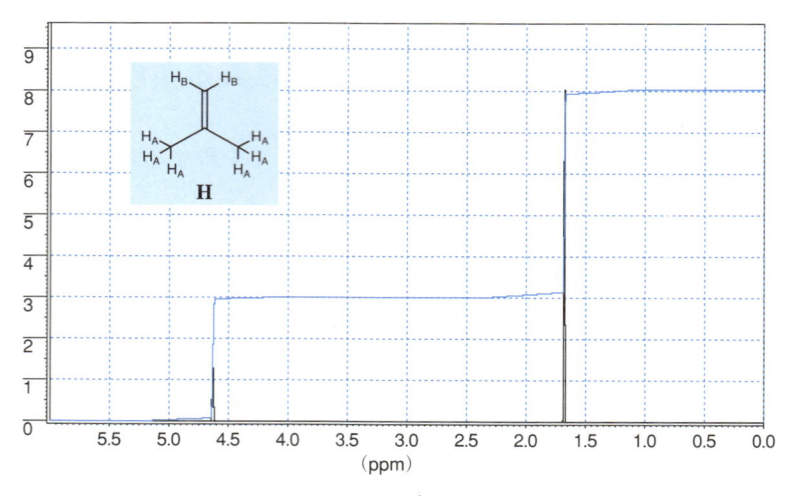

図 10・7 化合物 H の ¹H NMR スペクトル

1本になる．化合物 H の NMR スペクトルを図 10・7 に示した．

以上の考察によって，化合物 H を他のものと区別することはできた．したがって，この時点で化合物 H の構造決定はできたことになる．

しかし，F と G は相変わらず区別ができない．5 章で見た結合定数では，シス位のプロトンとトランス位のプロトンでは結合定数に差があり，それによって識別することができた．しかし，ここでの化合物は対称な分子であり，二重結合に結合したプロトン間のカップリングが現れないために，結合定数による識別は不可能である．

NMR スペクトルによる識別

図 10・8 は化合物 F と G の NMR スペクトルである．両者は非常によく似ている．詳細に比較すると若干の違いはあるが，この違いと構造の違いを一義的に結びつけることが困難である．ここでは，NMR だけでは一義的に構造の決まらないこともあるという例を示しておこう．

これで F と G を別にすれば，すべての構造決定が完了したことになる．このように，さまざまなスペクトルを駆使し，そこに現れた情報を詳細に，かつ慎重に検討すれば，ほとんどの化合物の構造は決定できる．

もし，それでも構造が決まらなければ，X 線結晶解析で構造決定すれば

結合定数を用いたシス，トランス体の識別は「5. スペクトル解析の応用」の分子式 $C_4H_6O_2$ の構造解析のところで見ることにする．

本書の程度を超えるので詳細に述べることはしないが，プロトン同士が立体的に近づくと，化学シフトが移動する現象があり，これを立体圧縮効果という．その効果を用いれば説明できそうであるが，この場合はそれでも困難である．

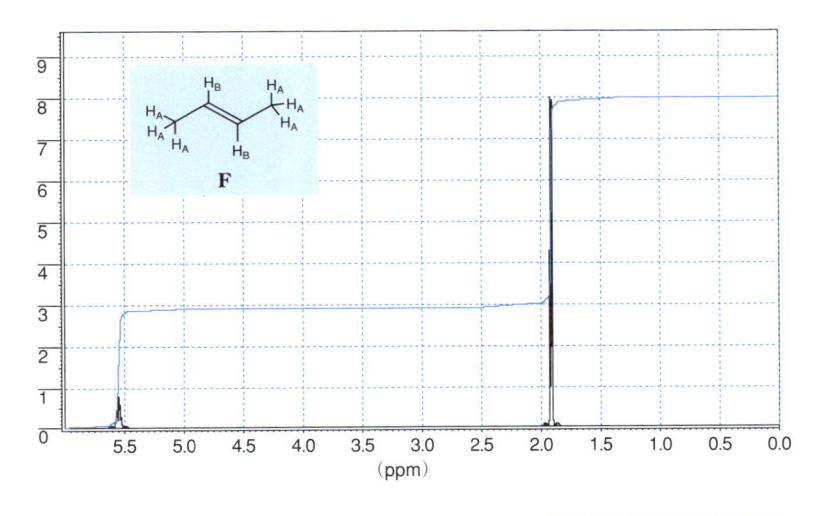

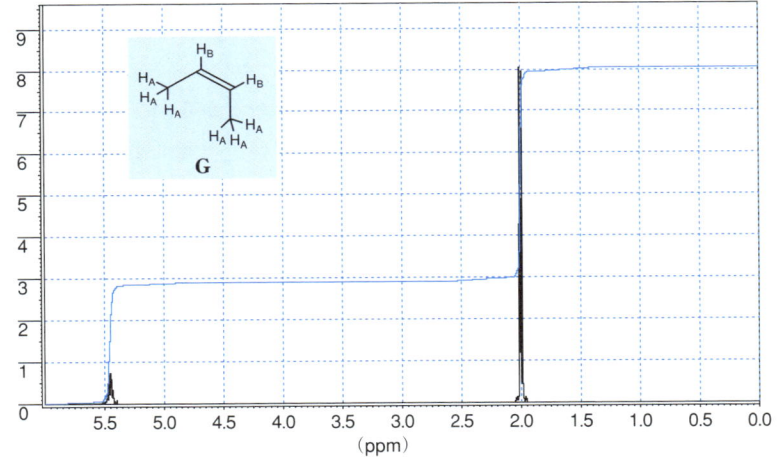

図 10・8 化合物 F, G の ^{1}H NMR スペクトル

よい.

4. スペクトルの有効な使い方

ここまで，MS，UV，IR，NMR スペクトルの特徴とその使い方を見てきた．ここでは練習のために，どのような場合にどのスペクトルを使えば

ポイント！
各スペクトルから得られる情報を理解して，有効に活用しよう．

よいのか，また，その結果から何がわかるのかを IR と NMR を例にとって見ていくことにしよう．

IR スペクトルが活躍する例

【問題】 分子式 $C_2H_4O_2$ の異性体 A，B，C（図 10・9）を識別するには，どのようなスペクトルがよいか．また，そのスペクトルからどのような結果が予想されるか．

【解答】 ここでは NMR スペクトル，IR スペクトル，いずれも有力な決め手になる．

まず，IR スペクトルの特徴的な吸収から見てみよう．A はカルボン酸であるからカルボキシ基 COOH の OH と C=O をもつ．したがって，IR スペクトルではカルボン酸の O−H 伸縮振動によるに幅広い吸収が 3000 cm^{-1} 付近に，C=O 伸縮振動による強く鋭い吸収が 1715 cm^{-1} 付近に見られる．

一方，B はアルコールであり，OH 基のみであるから，アルコールの O−H 伸縮振動による幅広い吸収が 3300 cm^{-1} 付近に見られる．それに対して，C はアルデヒドであり C=O のみであるから，1730 cm^{-1} 付近に強く鋭い吸収が見られる．

すなわち，3000 cm^{-1} 付近の幅広い吸収と 1720 cm^{-1} 前後の強くて鋭い吸収の両方が見られるなら A であり，前者のみであるなら B，後者のみであるなら C と確実に構造決定ができる．

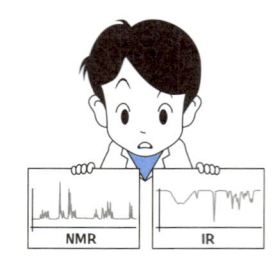

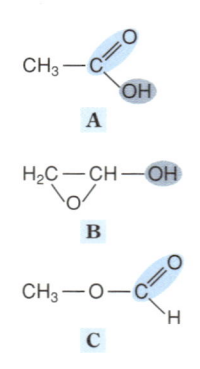

図 10・9 $C_2H_4O_2$ の異性体

カルボン酸やアルコールの吸収領域は分子間水素結合を形成した場合のものである（図 3・5 参照）．

NMR スペクトルが活躍する例

【問題】 塩素を含む化合物 C_3H_7Cl の異性体を識別するには，どのようなスペクトルがよいか．

【解答】 この分子式を満足する異性体は，図 10・10 の二つだけである．どちらも二重結合をもたないから，UV スペクトルは有効ではない．また，官能基もないから IR スペクトルも有効ではなく，残るは NMR スペクトルである．

B は対称な化合物であり，2 個のメチル基は等価である．したがって，プロトン数の比が 6：1 の 2 個のシグナルが観察される．また，メチル基

図 10・10 C_3H_7Cl の異性体

の隣に1個のプロトンがあるので，メチル基に基づく6H分のシグナルは二重線に分裂する．

それに対して**A**では3種類のプロトンがあるので，3個のシグナルが観察される．

5. スペクトル解析の応用

前節までに，NMRスペクトルの解析の仕方を一通り見てきた．ここでは練習のため，いくつかの化合物の構造解析をやってみよう．

ポイント！
いろいろな問題に挑戦して，構造解析の実践的な力を身につけよう．

分子式 C_3H_6O の構造解析

【問題】 分子式 C_3H_6O の化合物の構造を決定せよ．ただし，UVスペクトルでは約180 nmに吸収があり，IRスペクトルでは約 $1730\ cm^{-1}$ に強く鋭い吸収がある．NMRスペクトルは図10・11に示した．

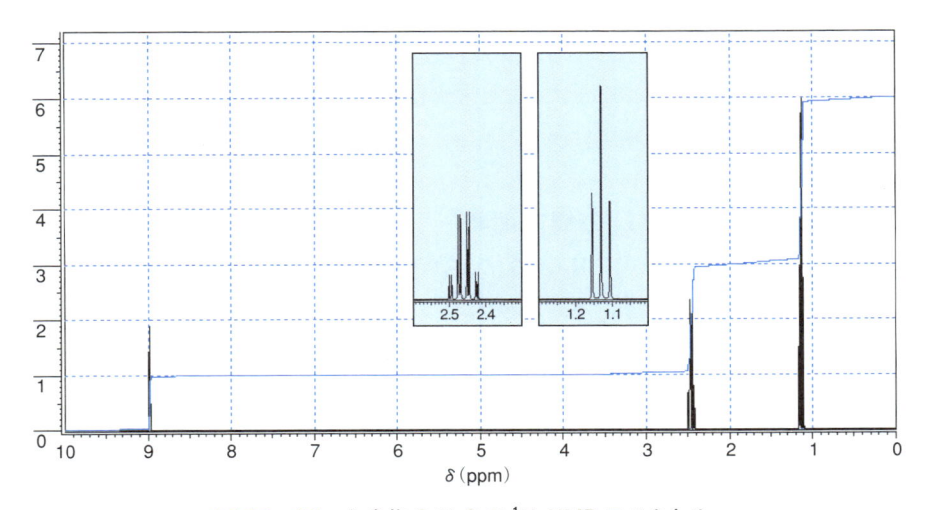

図10・11 化合物 C_3H_6O の ^1H NMRスペクトル

【解答】 分子式 C_3H_6O の異性体は図10・12に示した9種類が考えられる．しかし，ケト-エノール互変異性によって**C**は**A**になり，**D**は**B**になるので，実際には**A**, **B**, **E**, **F**, **G**, **H**, **I** の7種類となる．

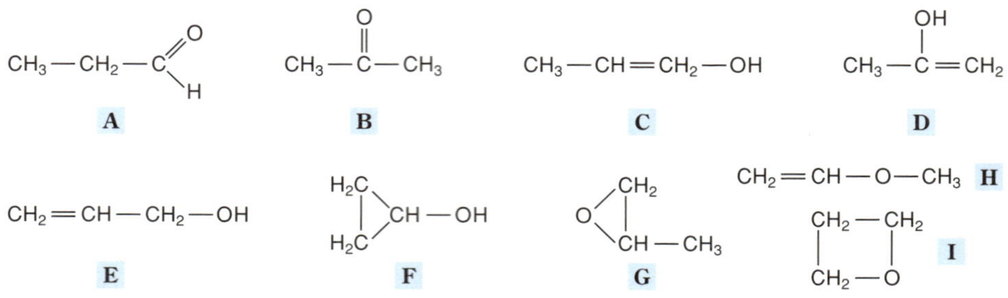

132　IV. 構造解析をやってみよう

$$CH_3-CH_2-C\overset{\displaystyle O}{\underset{\displaystyle H}{}} \quad CH_3-\overset{\displaystyle O}{\underset{\displaystyle \|}{C}}-CH_3 \quad CH_3-CH=CH_2-OH \quad CH_3-\overset{\displaystyle OH}{\underset{\displaystyle |}{C}}=CH_2$$

A　　　　　**B**　　　　　**C**　　　　　**D**

$$CH_2=CH-CH_2-OH \qquad \begin{array}{c}H_2C\\|\\H_2C\end{array}\!\!\!\!CH-OH \qquad \begin{array}{c}CH_2\\O\\CH-CH_3\end{array} \qquad CH_2=CH-O-CH_3$$

E　　　　　　　　**F**　　　　　**G**　　　　**H**

$$\begin{array}{c}CH_2\\|\\CH_2\end{array}\!\!\!\!\!\!\!\!\begin{array}{c}\\CH_2\\|\\O\end{array}$$

I

図 10・12　C_3H_6O の異性体

C＝O 伸縮振動の吸収は，プロピオンアルデヒド **A** では 1730 cm^{-1} に，アセトン **B** では 1715 cm^{-1} に見られるので，わずかではあるがこの違いによっても構造の推測は可能である．

化合物 **B** のジメチルケトンでは 2.2 ppm 付近にメチルプロトンによる 6H 分の吸収が 1 本見られるだけである．

UV スペクトルから，C＝C か C＝O 二重結合があることがわかるので，二重結合をもたない **F**，**G**，**I** は除外される．

IR スペクトルでは 1730 cm^{-1} 付近に強く鋭い吸収があることは，カルボニル基 C＝O があることを意味する．よって，C＝O 基をもたない **E**，**H** は除かれ，残るはアルデヒド **A** あるいはケトン **B** ということになる．

NMR スペクトルでは飽和炭素に結合したプロトンに見られる領域に 3H 分と 2H 分の二つのシグナルがある．さらに約 9.0 ppm に 1H 分のシグナルがあるが，これはアルデヒドプロトンに特有なものである．したがって，構造は **A** と確実に決定される．

分子式 $C_4H_6O_2$ の構造解析

【問題】　分子式 $C_4H_6O_2$ の化合物の構造を決定せよ．ただし，UV スペクトルでは 200 nm 付近に極大吸収をもつ．また，IR スペクトルでは 3000 cm^{-1} に幅広い吸収と 1720 cm^{-1} 付近に強く鋭い吸収をもつ．なお，この化合物は酸性である．NMR スペクトルは図 10・13 に示した．

【解答】　UV スペクトルで 200 nm 付近に吸収をもつので，二つの二重結合が並んだ共役二重結合の可能性がある．

IR スペクトルで 3000 cm^{-1} にまたがる強く幅広い吸収があることは，カルボキシ基の OH をもっている可能性がある．また，1720 cm^{-1} の強くて鋭い吸収はカルボニル基 C＝O の存在を示すものである．したがって，IR スペクトルからはカルボキシ基 COOH の存在が示唆されるが，これはこの化合物が酸性であることからも支持される．したがって，この化合物

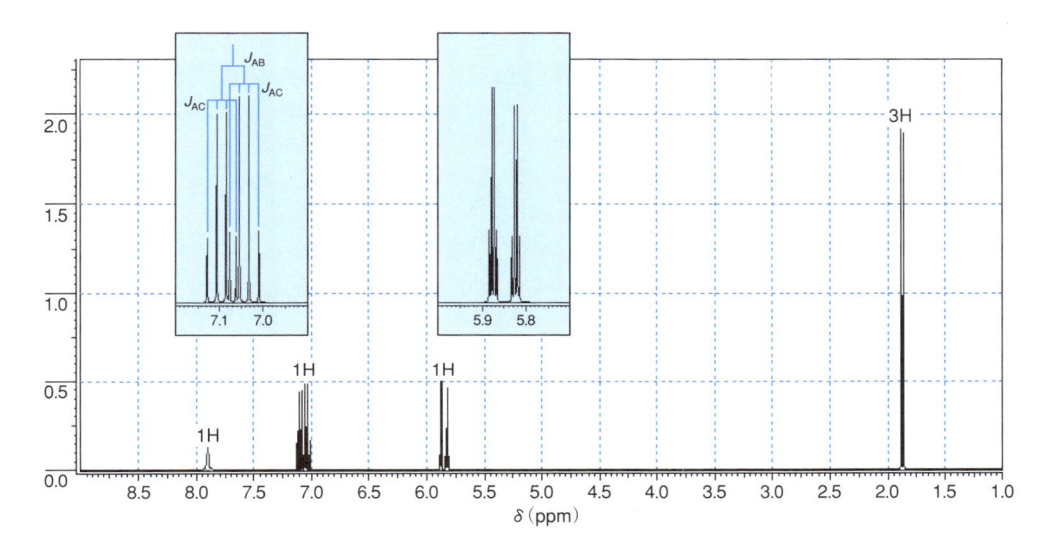

図 10・13　化合物 $C_4H_6O_2$ の ^1H NMR スペクトル

はカルボン酸である.

NMR スペクトルでは 4 種類のシグナルが見られる（図 10・13）．このうち，最も左側の 7.9 ppm 付近に現れているシグナルは COOH 基の酸性プロトンに基づくものである．さらに，5.9，7.1 ppm 付近に見られる 2 種類のシグナルは二重結合に結合したプロトンによるものと考えられる．また，1.9 ppm 付近に 3H 分の二重線が見られる．これはメチルプロトン CH_3 によるものと考えられるが，二重線になっていることから，隣の炭素にプロトンが 1 個ついていることがわかる．

以上のことを総合すると，$CH_3CH=CH-COOH$ という構造が浮かびあがる．あとは，二重結合についた二つの置換基の立体配置であるが，プロトン間の結合定数 J_{AB} が約 15.6 Hz と大きいことから，トランス配置であることがわかる．したがって，構造は以下のように決定される．

(C) (A)　(B)
$CH_3CH=CH-COOH$

二重結合についた H_A, H_B はスピン-スピン結合によりお互いを二重線に分裂させる．このときの結合定数は $J_{AB}=15.6$ Hz という値が測定結果から得られている（図 10・13 の拡大図参照）．測定周波数が 300 MHz であるので，横軸の 0.1 ppm は 30 Hz に相当する．

二次元 NMR を含めた構造解析

下の化合物の ^{1}H NMR, H–H COSY, C–H COSY のスペクトルはつぎのとおりである（図 10・14a ～ c）．これらのスペクトルの帰属を明らかにせよ．

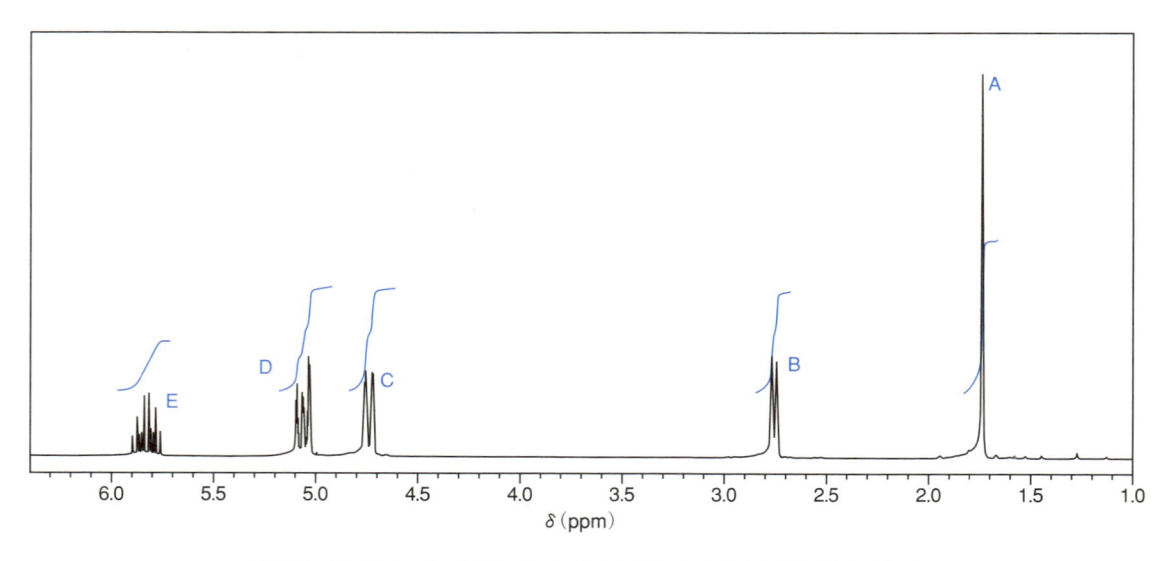

$$CH_2=\underset{2}{\underset{|}{C}}-CH_2-CH=CH_2$$
$$\overset{6}{CH_3}$$
(位置番号: 1, 2, 3, 4, 5)

図 10・14 (a) 2-メチル-1, 4-ペンタジエンの ^{1}H NMR スペクトル

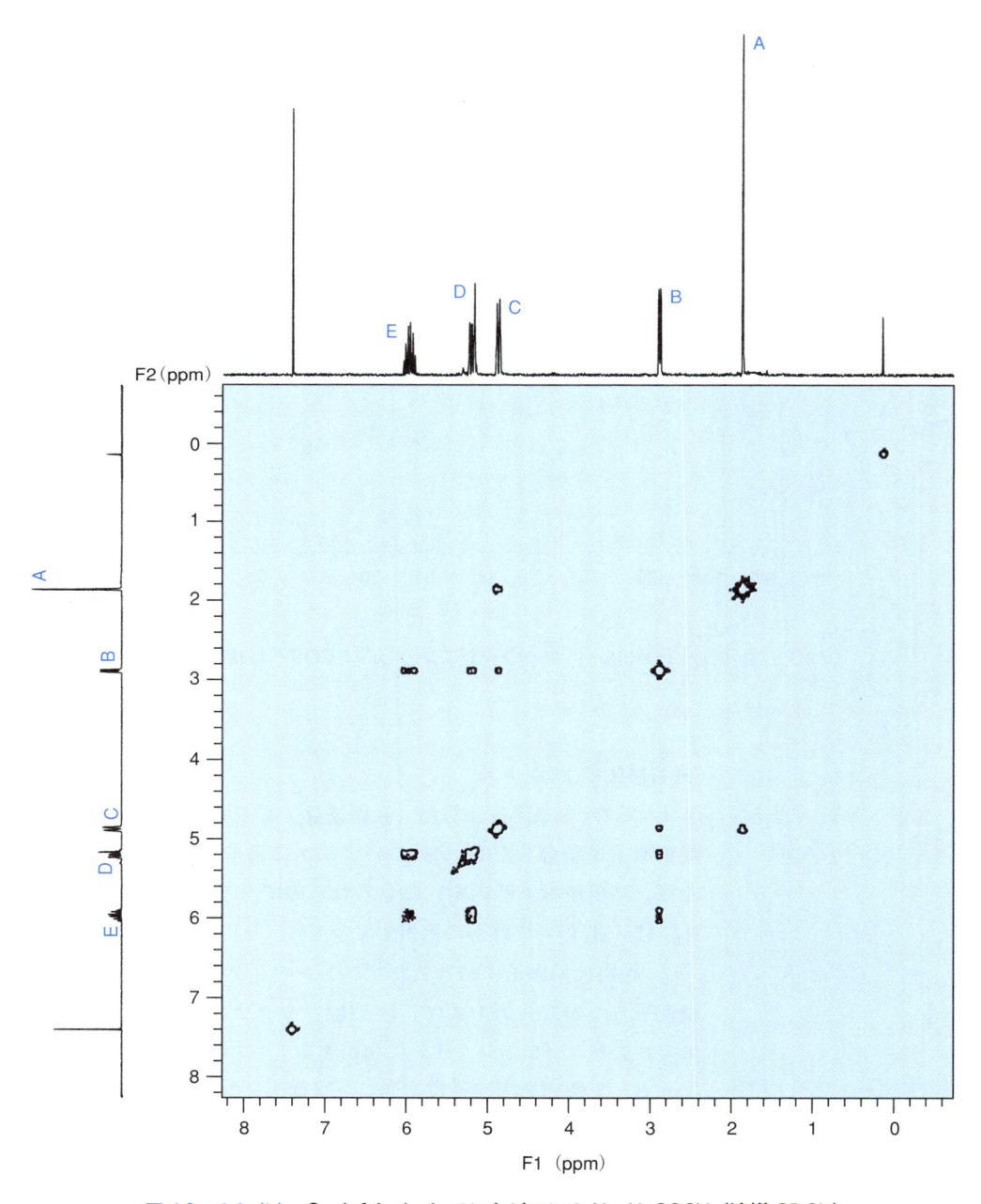

図10・14 (b)　2-メチル-1,4-ペンタジエンの H−H COSY (溶媒 CDCl₃)

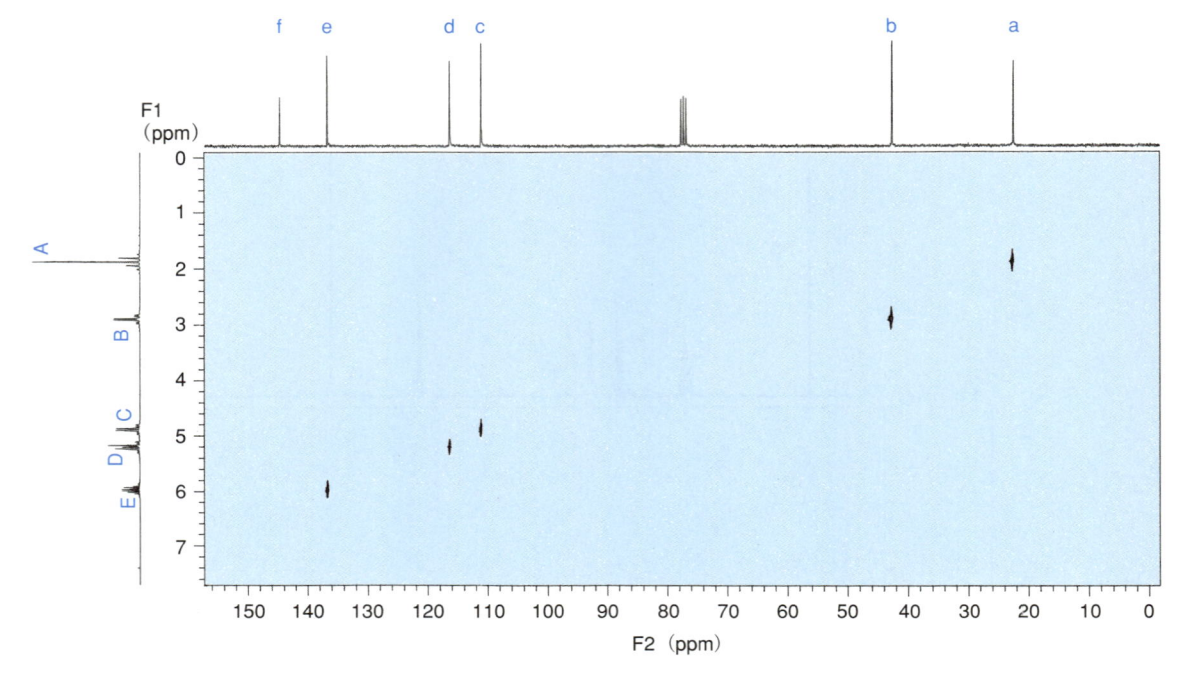

図 10・14（c） 2-メチル-1, 4-ペンタジエンの C−H COSY（溶媒 CDCl₃）

¹H NMR スペクトル

① シグナル A, B は右側（低周波数，高磁場）に見られるので，飽和炭素原子に結合した H_3，H_6 のいずれかに相当し，シグナル C, D, E は左側（高周波数，低磁場）に見られるので，不飽和炭素原子に結合した H_1，H_4，H_5 のいずれかに相当する．

② 飽和炭素原子に結合したプロトンのシグナルのうち，A は 3H 分の強度をもつのでメチルプロトン（H_6），シグナル B は 2H 分の強度をもつのでメチレンプロトン（H_3）に相当する．

一方，不飽和炭素原子に結合したプロトンのシグナルのうち，2H 分の強度をもつ C, D はメチレンプロトン（H_1，H_5）のいずれかに相当し，1H 分の強度をもつ E はメチンプロトン（H_4）に相当する．

ここまでで，シグナル C, D 以外はすんなりと帰属できた．

H−H COSY スペクトル

プロトン同士のカップリングの様子を見てみよう.

① 図10・15に示すように,交差ピークの様子から,シグナルCはAとBとカップリングしていることがわかる.すなわち,Cはメチルプロトン(H_6)とメチレンプロトン(H_3)とカップリングしている.このことから,シグナルCはメチレンプロトン(H_1)に帰属できる.

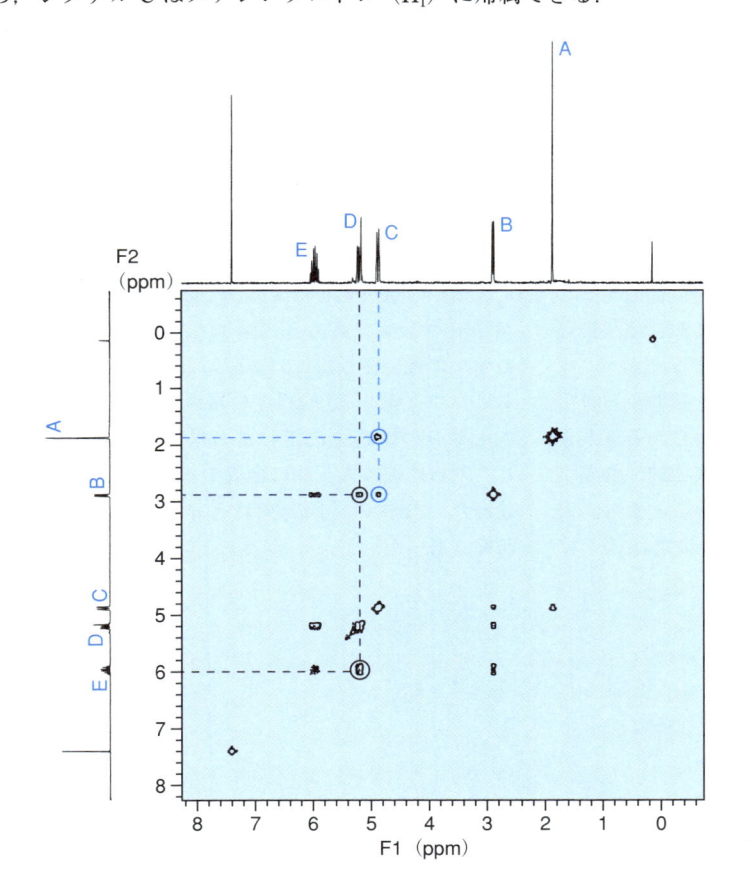

化学シフトなどの数値データはCOSYものではなく,^{1}H NMR のものを信用すること.H−H COSY における 0.2 ppm 付近にあるシグナルは基準物質 TMS, 7.4 ppm 付近の鋭い1本のシグナルは測定溶媒である重クロロホルム $CDCl_3$ の不純物である.クロロホルム $CHCl_3$ によるものである.

図10・15 シグナルCとDの交差ピーク

② 一方,シグナルDはBとEとカップリングしており,Eはメチンプロトン(H_4)に相当する.よって,Dはメチレンプロトン(H_5)に帰属できる.

以上で,すべてのプロトンの帰属が終了した.

プロトンシグナルの帰属
A:メチル(H_6)
B:メチレン(H_3)
C:メチレン(H_1)
D:メチレン(H_5)
E:メチン(H_4)

C–H COSY の横軸の 80 ppm 付近の三重線は測定溶媒である重クロロホルムによるものである.

炭素シグナルの帰属
a：メチル (C_6)
b：メチレン (C_3)
c：メチレン (C_1)
d：メチレン (C_5)
e：メチン (C_4)
f：C_2

C–H COSY スペクトル

① C–H COSY スペクトルから得られる情報を見てみよう. 図 10·14(c) の横軸（F2）のシグナル f はいずれのプロトンともカップリングしていないので，プロトンが結合していない炭素原子 C_2 に帰属できる.

② 他の炭素原子の帰属はプロトンとの関連から明らかである.

以上のように，COSY スペクトルを用いるとカップリングの様子がすぐにわかる.

天然物の構造決定

複雑な天然物の構造決定で最後に行われる手段は，推定した構造式の化合物を人工的に合成することである．両者のスペクトルが同じであれば，推定した構造式はほぼ間違いないものとなる．

多くの薬物や毒物は，天然の草木や動物から得られることが多い．このような物質は得られる量が少ないため貴重で高価なことが多く，人工的に合成することは高い価値がある．このようなことから，天然から採取される薬物，毒物の構造決定は化学にとって大切な分野の一つとなっている．

人類が構造決定した天然物で最も複雑なのものはパリトキシンであろう（図1）．この化合物は南洋のサンゴ礁に棲む魚に，季節によって現れる猛毒であり，フグ毒の 50 倍程度の毒性をもつ．このパリトキシンの構造を決定したのは日本人化学者であり，さらに彼は人工的に合成するという偉業を成し遂げた．21 人の共同研究者と 8 年の歳月をかけた研究であった．

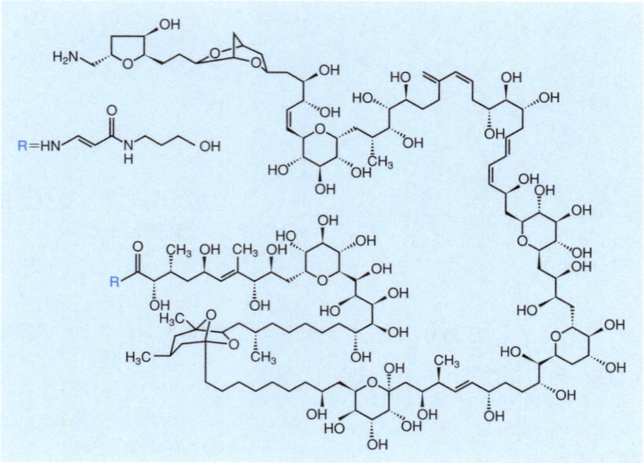

図 1　パリトキシンの構造

索引

あ

IR スペクトル　29, 122, 130, 132
　　——とラマンスペクトルの
　　　　　　相補的な関係　39
　　——の原理　38
　　——の模式図　36
　　——の例　30
　　アセトアルデヒドの——　119
　　エタノールの——　115
　　ジメチルエーテルの——　115
　　二酸化炭素の——　39
IR 分光法　29
アキシアルプロトン　65
アクリルアルデヒド　51
アシリウムイオン　98
アセチレン　13, 24
アセトアルデヒド　114
　　——の IR スペクトル　119
　　——の ^{1}H NMR スペクトル　119, 131
アセトン　24, 132
アニリン　25
アミノ酸　105
アミン　34, 80
アリル　64
アルカン　34
　　——の化学シフト　53, 79
アルキン　24, 34, 35, 52, 53
　　——の化学シフト　54, 80
アルケン　24, 34, 35, 52
　　——の化学シフト　54, 80
アルコール　34, 38, 55, 80, 115, 130
アルデヒド　35, 80, 98, 130
　　——の化学シフト　55
アントラセン　27
　　——の UV スペクトル　26

い

ESI　91
イオン化　87
　　——の方法　89
イオン化エネルギー　6, 89
イオン結晶
　　——のステレオ図　104
イオン分離
　　——の方法　90
いす形構造　65
異性体
　　——の識別　112, 121
一重線　45
INADEQUATE
　　　　　（イナデキュエイト）　84
イミン　35

え，お

液体 NMR　46
液体セル　31
エクアトリアルプロトン　65
エタノール　69, 113, 116, 118
　　——の IR スペクトル　115
　　——の ^{1}H NMR スペクトル　66
p-エチルトルエン
　　——の ^{1}H NMR スペクトル　55
エチルビニルケトン　79
エチレン　9, 12, 13, 24
エチレン陰イオン　12
X 線　100
X 線回折
　　——の原理　101
X 線結晶構造解析　99
H−H COSY スペクトル　81, 84
　　プロピオン酸メチルの——　82

2-メチル-1,4-ペンタジエン
　　の——　135, 137
HMQC　82, 84
HMBC　84
H−C COSY スペクトル　82, 84
　　プロピオン酸メチルの——　83
エーテル　80, 115
エトキシ酢酸
　　——の ^{1}H NMR スペクトル　45
NMR スペクトル　41, 116, 117, 119, 130
NMR 測定装置　47
NMR 分光法　41
NOE　70, 83
NOE 差スペクトル　70, 71
($n+1$) の規則　61, 76
エネルギー
　　軌道の——　4
　　局在 π 結合の——　10
　　電子殻の——　4
　　電子遷移と——　5
　　電磁波と——　18
　　光の——　17
　　非局在 π 結合の——　10
　　分子軌道の——　25
　　分子のもつ——　19
エネルギー差
　　核スピン状態間の——　42, 59
エネルギー準位　19
FT-NMR　75
MRI　56
エレクトロスプレーイオン化　91
塩化エチル　61
　　——の ^{1}H NMR スペクトル　58
遠隔スピン結合　64, 125
塩化ナトリウム　31
塩化ブチル
　　——の ^{1}H NMR スペクトル　63
塩素原子
　　——による電子求引効果　50
　　——の同位体ピーク　93, 97
　　——を含む化合物の異性体　130

索引

あ行（か）

オキシシクロプロパン 119
オフ・レゾナンス
　　　　　デカップリング 76, 77
ORTEP（オルテップ）図 102
オルト 65

か

回折 X 線 100
回転エネルギー 19
外部磁場 48, 52, 59
　　——と核スピン 42
化学イオン化 90
化学結合
　　——とスピン-スピン結合 64
　　——の種類 7
化学シフト 128
　　——と共鳴周波数 49
　　——とプロトンのタイプ 56
　　——の基準 50
　　——の単位 48, 62
　　アルカンの—— 53, 79
　　アルキンの—— 54, 80
　　アルケンの—— 54, 80
　　アルデヒドの—— 55
　　カルボニル炭素の—— 80
　　カルボン酸の—— 55
　　C_3H_6 の—— 117
　　C_2H_6O の—— 118
　　シグナルと—— 45
　　^{13}C NMR の—— 79
　　電子密度と—— 49
　　芳香族の—— 54, 80
核オーバーハウザー効果 70
核磁気共鳴 42, 56
核磁気共鳴スペクトル 41
核磁気共鳴分光法 41
核スピン 44
　　外部磁場と—— 42
可視光線 18
カップリング 137
カップリングパターン 123, 127
カルボカチオン 96
カルボキシ基 35, 130, 132
カルボニル基 24, 35, 37, 38, 52, 53, 54, 80, 119, 130, 132
カルボニル炭素
　　——の化学シフト 80
カルボン酸 34, 35, 38, 80, 130, 132
　　——の化学シフト 55

き，く

β-カロテン 26, 27, 28
環状化合物 121
環状ケトン 36
完全デカップリング 76
環電流効果 52
感度 74
官能基 34, 115, 122
　　——と振動エネルギー 31
　　——の振動 33

基準ピーク 88
基底状態 23
軌道 4
逆対称伸縮 32, 39
吸光度 21, 22
吸収極大波長 21, 23, 26, 28
吸収スペクトル 20
共鳴効果 51
共鳴周波数 43, 50, 62, 74
　　化学シフトと—— 49
共役系
　　——の長さ 26
　　——の分子軌道エネルギー 25
共役二重結合 9, 54
共有結合 7
局在 π 結合 9
　　——のエネルギー 10

クムレン二重結合 35
クロトン酸
　　——の ^1H NMR スペクトル 133
p-クロロニトロベンゼン
　　——のマススペクトル 97
1-クロロプロパン 51
クロロホルム 137

け，こ

結合距離
　　——と結合次数の関係 13
結合次数 13, 37
結合性軌道 10
結合定数 57, 59, 65, 128, 133
　　プロトンの—— 64
結合電子雲 8
結晶 100

結晶化 105
結晶構造 104
結晶状態
　　——と分子構造 106
ケト-エノール互変異性 114, 131
ケトン 35, 80, 98
ケミカルシフト 45
原　子
　　——の構造 3
原子核 58
　　NMR で観測できる—— 44
　　磁場中の—— 42
原子間距離 106
元素分析 110

交差ピーク 81, 137
交差法 103
高速原子衝撃イオン化 90
広帯域デカップリング 76, 77
高分解質量分析法 94
COSY（コジィ） 81
五重線 61
固体 NMR 46

さ，し

最高被占軌道 11
最低空軌道 11
鎖状化合物 121
三重結合 9, 54
三重線 45, 60, 61, 76
酸素原子
　　——を含む分子の分子式 112

C−H COSY スペクトル 84
2-メチル-1, 4-ペンタジエン
　　　　　　　　　　の—— 136
C_3H_6
　　——の異性体 113
　　——の化学シフト 117
　　——の識別 114, 116
C_3H_6O
　　——の異性体 132
　　——の構造解析 131
C_2H_6O
　　——の異性体 113
　　——の化学シフト 118
　　——の識別 115, 116
C_2H_4O
　　——の異性体 114

索引

C_2H_4O（つづき）
　——の識別　130
C_4H_8
　——の異性体　113, 114
　——の識別　121
$C_4H_6O_2$
　——の構造解析　132
ジェミナルスピン　64
四塩化炭素　46
紫外可視吸収スペクトル　17
紫外可視分光法　17
紫外線　18
磁気回転比　42, 43, 74
磁気共鳴画像診断　56
シグナル
　——と化学シフト　45
　——の分裂　57, 59, 124
　——の面積　46, 76, 118, 122
σ 結合　8, 50
シクロブタン　122
　——の ^{1}H NMR スペクトル　124
シクロプロパン　53, 113, 114, 116
　——の ^{1}H NMR スペクトル　117
　——の UV スペクトル　115
シクロヘキサン　65
四重線　45, 60, 61, 76
シス　65, 113, 122, 128
実験式　111
実効磁場　49
質量スペクトル　87
質量分析法　87
磁場
　——によるイオン分離　91
磁場強度　62
　共鳴周波数と——　43
ジメチルエーテル　113, 116, 118
　——の IR スペクトル　115
指紋領域　36
臭化カリウム　31
重クロロホルム　47, 137, 138
重原子効果　80
重水　47
重水素化アセトン　47
重水素化ベンゼン　47
重水素化溶媒　46
臭素原子
　——の同位体ピーク　93
助色団　25
伸縮振動　32, 122, 130
深色効果　25
振動
　——の種類　32

振動エネルギー　19
　官能基と——　31
振動数　17

す～そ

水素結合　34, 36, 38, 55
ステレオ図　103
　イオン結晶の——　104
スピン　42
スピン-スピン結合　58, 69, 74, 81, 123
　化学結合と——　64
スピン・デカップリング　66, 67, 68
スペクトル　20

整数質量　93
生体分子　91
精密質量　93
　分子の——　94
赤外吸収スペクトル　29
赤外線　18, 29
赤外分光法　29
積分　46
セル　22, 31
遷移　19
浅色効果　25
相関分光法　81
双極子モーメント　39
ソフトイオン化法　90, 91

た 行

対称伸縮　32, 39
第四級炭素　76, 78, 79
炭化水素
　——の分子式　109, 111
単結合　9
炭素 13（^{13}C）NMR スペクトル　73, 74, 77, 78, 82
炭素 13 核磁気共鳴分光法　73
タンパク質
　——の X 線結晶構造解析　105

中性子　44
超伝導磁石　44, 47
直鎖共役系　25, 26

TMS　50, 76, 137
DQF-COSY　84
TTF-TCNQ 電荷移動錯体　104
デカップリング　66, 76
　プロトン交換による——　69
デカン
　——のマススペクトル　96
テトラセン　27
　——の UV スペクトル　26
テトラメチルシラン　50
DEPT（デプト）　78, 79
転位反応　98
電気陰性度　6, 7, 50, 54, 80
電子　58
　——による遮へい　48
電子イオン化法　89
電子エネルギー　19
電子殻　4
電子求引基　54, 80
電子求引効果　50
電子供給基　25
電子供給効果　50
電子親和力　6
電子遷移　5, 19, 23
　——の種類　24
電磁波　17
　——とエネルギー　18
　——の種類　18
電子密度　12, 48
　——と化学シフト　49
電子密度図　101
天然物
　——の構造決定　138
同位体　73
同位体ピーク　92, 97
透過率　30
TOCSY（トクシィ）　84
特性吸収　33, 34, 35, 36
　——の移動　38
トランス　65, 113, 122, 128, 133

な 行

二酸化炭素
　——の IR スペクトル　39
　——のラマンスペクトル　39
二次元 NMR　84, 134
二次元 NMR スペクトル　81
二次元 NMR 分光法　81

二重結合　9, 54, 114, 117, 121, 122
二重線　45, 61, 76
二重線の二重線　60
ニトリル基　35, 38
ニトロプロパン
　　——の ^{1}H NMR スペクトル　68
二面角　64, 65
二量体　34, 36

ヌジョール　31

NOESY（ノエジィ）　83, 84

は，ひ

π結合　8, 9, 51, 94
π電子
　　——の円運動　52
ππ*遷移　24
波数　29
パスカルの三角形　61
波長　17, 20
発光　23, 27
発光スペクトル　20
発色団　24
パラ　64, 65
パリトキシン　138
ハロゲン化アルカリ　31
ハロゲン化アルキル　54, 80
反結合性軌道　10

光　17
光吸収　23
光吸収スペクトル　20
非局在π結合　9
　　——のエネルギー　10
ビシナルスピン結合　64
非対角ピーク　81
ビタミン A　26, 28
ヒドロキシ基　33, 38, 69, 115, 130, 132
ビニルアルコール　114
ppm　48, 62
ピリジン　55

ふ

フェノール　25
不足水素指標　94

ブタジエン　9, 10
ブタジエン陰イオン　12
2-ブタノン
　　——の ^{1}H NMR スペクトル　54
1-ブテン　123
　　——の ^{1}H NMR スペクトル　126
2-ブテン
　　——の ^{1}H NMR スペクトル　129
不飽和基　54
不飽和炭素　80, 136
　　——についたプロトン　123
不飽和度　94, 95
フラグメンテーション　95
フラグメントイオン　88, 90, 95, 97
フラッグの式　101
フーリエ変換 NMR　75
ブルーシフト　25
プロトン　90
　　——の数　46
　　——の結合定数　64
　　不飽和炭素についた——　123
プロトン（^{1}H）　43
プロトン（^{1}H）NMR
　　　　　　スペクトル　81, 82
　　アセトアルデヒドの——　119, 131
　　エタノールの——　66
　　p-エチルトルエンの——　55
　　エトキシ酢酸の——　45
　　塩化エチルの——　58
　　塩化ブチルの——　63
　　クロトン酸の——　133
　　シクロブタンの——　124
　　シクロプロパンの——　117
　　ニトロプロパンの——　68
　　2-ブタノンの——　54
　　1-ブテンの——　126
　　2-ブテンの——　129
　　プロペンの——　117
　　メチルシクロプロパンの——　125
　　2-メチルプロペンの——　128
　　2-メチル-1, 4-ペンタジエン
　　　　　　の——　134, 136
プロトン交換
　　——によるデカップリング　69
プロピオンアルデヒド　132
プロピオン酸メチル
　　——の H-H COSY スペクトル　82
　　——の H-C COSY スペクトル　83
プロピレン　113
プロペン　113, 114, 116
　　——の ^{1}H NMR スペクトル　117
　　——の UV スペクトル　115

分極率　39
分子イオン　89, 93
分子イオンピーク　88
分子間水素結合　38
分子軌道　7
　　——のエネルギー　25
　　非局在系の——　11
分子構造　102
　　結晶状態と——　106
分子式　87
　　——と異性体　112
　　——の決定　93, 109
　　炭化水素の——　109, 111
分子量　87, 94

へ，ほ

平行法　103
HETCOR（ヘトコル）　82, 84
Hz（ヘルツ）　57, 62
変角振動　32
変角はさみ　39
ベンゼン　13, 24, 25, 27, 80
　　——の UV スペクトル　26
ベンゼン環　36, 52, 54, 55, 64, 65
ペンタセン　27
2-ペンタノン
　　——のマススペクトル　98

芳香環　24
芳香族　34
　　——の化学シフト　54, 80
芳香族化合物　26
飽和炭化水素　95
　　——のマススペクトル　96
飽和炭素原子　53, 136
補色　27
HOMO（ホモ）　11, 23
ホルミル基　35, 119
ホルムアルデヒド　37

ま 行

マススペクトル　87, 111
　　p-クロロニトロベンゼンの——　97
　　デカンの——　96
　　2-ペンタノンの——　98
　　飽和炭化水素の——　96

マススペクトル（つづき）
　　メタノールの―― 88
　　メタンの―― 92
　　4-メチルノナンの―― 96
マススペクトロメトリー 87
マトリックス 90
マトリックス支援レーザー脱離
　　　　　　イオン化（MALDI） 91

水
　　――の赤外吸収領域 31, 34

メタ 64, 65
メタノール
　　――のマススペクトル 88
メタン 50, 90
　　――のマススペクトル 92
メチル基 53
メチルシクロプロパン 123
　　――の ^{1}H NMR スペクトル 125
メチル炭素 76, 78, 79
4-メチルノナン
　　――のマススペクトル 96
メチルプロトン 54, 60, 67, 117, 118, 136, 137
2-メチルプロペン
　　――の ^{1}H NMR スペクトル 128
2-メチル-1, 4-ペンタジエン
　　――の H－H COSY
　　　　　　スペクトル 135, 137
　　――の C－H COSY
　　　　　　スペクトル 136, 138
　　――の ^{1}H NMR スペクトル 134, 136
2-メチルペンタン 53
メチレン基 32, 53
メチレン炭素 76, 78, 79
メチレンプロトン 60, 67, 118, 136, 137
メチン基 53
メチン炭素 76, 78, 79
メチンプロトン 136, 137
面外変角縦ゆれ 32
面外変角ひねり 32
面内変角はさみ 32
面内変角横ゆれ 32

モル吸光係数 22, 26

や 行

誘起効果 50
誘起磁場 52
UV スペクトル 17, 20, 114, 119, 121, 132
　　――の測定原理 21
　　――の模式図 21
　　アントラセンの―― 26
　　シクロプロパンの―― 115
　　テトラセンの―― 26
　　フロペンの―― 115
　　ベンゼンの―― 26
UV-VIS スペクトル 17
UV-VIS 分光法 17

陽子 44
溶媒 46

ら 行

ラウエ斑点 101
ラジオ波 43
ラジカルカチオン 88, 89
ラマン散乱 38, 39
ラマンスペクトル 38
　　――と IR スペクトルの相補的な
　　　　　　関係 39
　　二酸化炭素の―― 39
ラーモアの式 43
ランベルト－ベールの法則 22

立体圧縮効果 128
流動パラフィン 31

LUMO（ルモ） 11, 23

励起状態 23
レッドシフト 25

ROESY（ロエジィ） 83, 84

齋藤 勝裕（さいとう かつひろ）
　　1945年 新潟県に生まれる
　　1974年 東北大学大学院理学研究科博士課程 修了
　　名古屋工業大学名誉教授
　　専攻 有機化学，有機物理化学，超分子化学
　　理 学 博 士

第1版 第1刷 2008年2月12日 発行
第2刷 2012年3月 1 日 発行

わかる有機化学シリーズ 3
有機スペクトル解析

© 2008

著　者　齋　藤　勝　裕
発行者　小　澤　美奈子
発　行　株式会社 東京化学同人
　　　　東京都文京区千石3丁目36-7(〒112-0011)
　　　　電話 03-3946-5311 ・ FAX 03-3946-5316
　　　　URL：http://www.tkd-pbl.com/

印　刷　株式会社　廣　済　堂
製　本　株式会社　青木製本所

ISBN978-4-8079-1490-6
Printed in Japan
無断複写，転載を禁じます．

わかる有機化学シリーズ

1 有 機 構 造 化 学　　　　　齋 藤 勝 裕 著
2 有 機 機 能 化 学　　　　　齋藤勝裕・大月 穣 著
3 有機スペクトル解析　　　　齋 藤 勝 裕 著
4 有 機 合 成 化 学　　　　　齋藤勝裕・宮本美子 著
5 有 機 立 体 化 学　　　　　齋藤勝裕・奥山恵美 著